本书出版受国家社科基金重大项目"习近平总书记关于科技创新的重要论述研究"
（2022&ZD003）资助，特此致谢！

浙江大学中国科教战略研究院

| 启真智库 |

启真视界之量子科技

QIZHEN VISION'S

QUANTUM TECHNOLOGY

吴伟　解楠　李泓◎编

ZHEJIANG UNIVERSITY PRESS

浙江大学出版社

·杭州·

图书在版编目（CIP）数据

启真视界之量子科技 / 吴伟，解楠，李泓编. —杭
州：浙江大学出版社，2024.5
ISBN 978-7-308-24891-4

Ⅰ．①启… Ⅱ．①吴… ②解… ③李… Ⅲ．①量子论
Ⅳ．①O413

中国国家版本馆 CIP 数据核字（2024）第 083116 号

启真视界之量子科技

吴 伟 解 楠 李 泓 编

责任编辑	李海燕	
责任校对	朱梦琳	
封面设计	雷建军	
出版发行	浙江大学出版社	
	（杭州市天目山路 148 号　邮政编码 310007）	
	（网址：http://www.zjupress.com）	
排　　版	杭州好友排版工作室	
印　　刷	杭州宏雅印刷有限公司	
开　　本	710mm×1000mm　1/16	
印　　张	14.75	
字　　数	200 千	
版 印 次	2024 年 5 月第 1 版　2024 年 5 月第 1 次印刷	
书　　号	ISBN 978-7-308-24891-4	
定　　价	98.00 元	

序

20世纪初建立的量子力学是人类历史上最伟大的科学革命之一。百年来，随着量子力学的建立而催生的第一次量子革命，带来了原子能、半导体、激光、核磁共振、超导和全球卫星定位系统等重大技术的发明，从根本上改变了人类的生活方式和社会面貌。也许，量子力学对于公众来说非常陌生，但是它其实已经深深融入了现代人的生活。自20世纪90年代以来，量子调控技术的巨大进步使得人们可以对光子、原子等微观粒子进行主动的精确操纵，从而催生了量子信息这一新兴学科。

量子信息科学包括量子通信、量子计算、量子精密测量三方面应用，在保障信息传输安全、提高运算速度、提升测量精度等方面，可以突破经典技术的瓶颈。量子信息科学将成为信息、能源、材料和生命等领域重大技术创新的源泉，为保障国家安全和支撑国民经济高质量发展提供核心战略力量。以量子信息科学为代表的量子科技迅猛发展，标志着第二次量子革命的兴起。

在国家的高度重视下，经过20余年的努力，我国量子科技领域整体上已经实现了从跟跑、并跑到部分领跑的飞跃。总体而言，我国在量子通信的研究和应用方面处于国际领先地位，在量子计算方面处于国际第一方阵，在量子精密测量部分方向上处于国际领先或先进水平。

在量子通信领域，我国的城域城际量子通信网络技术已初步满足实用

化要求,总里程超过 10000 公里的国家量子骨干网已全线贯通,覆盖京津冀、长三角、粤港澳、成渝等重要区域。在卫星量子通信方面,我国研制并成功发射了世界首颗量子科学实验卫星"墨子号",在国际上率先实现了星地量子通信;发射了世界首颗量子微纳卫星"济南一号",为构建低成本、实用化的量子星座奠定了基础;卫星地面接收站的重量也已由十几吨降到 100 千克左右,可初步支持移动量子通信。基于上述成果,我国在国际上率先构建了天地一体化的广域量子通信网络,在量子通信的研究和应用方面处于国际引领地位。

在量子计算领域,我国构建的 76 光子光量子计算原型机"九章",在国际上首次在光量子体系实现"量子计算优越性"里程碑;最新的"九章三号"实现了 255 光子的相干操控,反超加拿大量子计算公司 Xanadu,再度成为光量子计算的世界第一。在超导量子体系,我国 66 比特的"祖冲之二号"超导量子计算原型机,在超导量子体系实现"量子计算优越性",计算复杂度超过谷歌同期同类型原型机百万倍。我国目前是唯一在光学和超导两种物理体系都达到"量子计算优越性"里程碑的国家,牢固确立了国际量子计算研究第一方阵的地位。

在量子精密测量领域,我国研制的高精度光钟,其稳定度和不确定度均优于 5×10^{-18},继美国之后第二个实现上述综合指标的光钟系统;首次在国际上实现百公里级的自由空间高精度时间频率传递实验,时间传递稳定度达到飞秒量级,频率传递万秒稳定度优于 4×10^{-19},达到国际最优水平,为构建广域光频标网络,实现国际时间单位"秒"的重新定义奠定基础。在量子导航、量子激光雷达、冷原子干涉重力测量、痕量原子示踪、单分子表征、磁场精密探测等若干方向上达到国际领先或先进水平。

当前,量子信息技术是全球科技竞争的焦点领域,也是我国形成新质生产力重点发展的未来产业方向之一。严谨地看,量子信息的产业转化整体上仍然处于早期阶段,各方向发展阶段并不平衡,实用化程度不一,需要

支持和关注的重点各有不同。例如，量子保密通信是最先进入实用化阶段、发展最为成熟的量子信息技术，当前需要加强应用推广，推动构建我国自主的信息安全体系、形成比较优势。又如量子计算，目前仍处于科学探索的阶段，所有量子计算原型机的硬件性能离解决有价值的实际问题都还存在相当的差距，远未到达实现商业价值的阶段。当前和未来一段时期内，量子计算研究的核心任务集中在物理实现方面，需要解决量子比特的规模化扩展和量子纠错两大难题，这是学术界的普遍共识。与此同时，我国量子信息技术产业发展的短板和挑战也很明显。如在关键材料、核心器件和高端仪器设备等硬件方面存在受制于人的风险；产业协同较为薄弱，从实验室成果走向市场化应用的速度和效率仍较低；人才供应不足，科研和产业人才的引育机制还需要进一步优化等。

量子科技的蓬勃发展，离不开公众的关注、理解和支持，而量子科学的原理对于公众来说较难准确把握，这一方面需要量子专业人士开展严谨和必要的科学普及，另一方面，从国际战略、行业趋势、产业生态等角度审视量子科技这一新兴领域的发展，对社会各领域专业人士和公众宏观把握量子科技发展脉络、保持合理预期、促进领域健康可持续发展等将大有裨益，《启真视界之量子科技》正是定位于此。这是一本专题报告集，主要汇集了浙江大学、中国电子信息产业发展研究院、中国科学院等相关研究团队近年来的战略和产业研究成果，是国内稀缺的量子科技领域智库研究图书。内容上，本书从全球竞争态势与政策、重要领域技术趋势、产业落地情况、应用场景探索等多方面反映了当前量子科技的最新发展，具有很好的可读性和可参考性。

相信本书的出版，能够帮助量子科技爱好者、战略研究工作者、一线从业者、政策制定者等社会不同方面的公众更好地理解量子科技的内涵与外延，不断聚合全社会对发展量子科技的共识，为前沿技术拓展和产业孵化提供丰沃土壤。相信在党和国家的战略部署下和广大量子科技工作者的

共同努力下,我国一定能够抓住全球新一轮科技革命与产业变革的战略机遇,在量子科技这一新赛道上占据全球制高点,为世界科技强国建设注入新动力。

此为序。

潘建伟

2024 年 5 月

目　　录

第 20 篇　我国量子科技政策回顾与展望 ……………………… 210

中国科学院自然科学史研究所　张志会等

第 1 篇　量子科技对传统技术体系的重构①

报告核心内容

　　量子科技在超越技术标准、突破物理极限、更新发展赛道等方面表现抢眼,现已进入到深化发展、快速突破的历史新阶段。特别是量子微观调控等技术的进步,加快了由硬件到软件的技术更替速率,引发了多技术领域集成创新浪潮,推进了技术实用化、工程化进程,为我国成为未来技术引领者提供了历史机遇。作为一项重大颠覆性技术创新,量子科技对传统技术体系造成了冲击,形成了对经典技术理论的颠覆、对传统技术范式的迭代、对旧有技术赛道的变更。为此,本文建议夯实技术基础,以量子科技引领传统技术体系迈向价值链中高端;优化技术结构,以量子科技推动新旧技术融合互促;强化政策支持,以量子科技发展倒逼传统技术升级环境改善。

　　以量子科技为主导的第二次量子革命正向人类走近,我国迎来了一个借由量子科技发展成为未来技术引领者的历史机遇。习近平总书记强调:"量子科技发展具有重大科学意义和战略价值,是一项对传统技术体系产生冲击、进行重构的重大颠覆性技术创新,将引领新一轮科技革命和产业

---

① 　本报告于 2024 年 1 月撰写。撰写人:黄云平(浙江大学发展规划处副处长)。

变革方向。"①因其前所未有的渗透性与改造力,量子科技正凭借其独特的叠加、纠缠等物理特性,刷新人类认识世界、改造世界的维度,为技术的颠覆性变革提供了新视角、新方法、新手段,让未来的技术体系呈现崭新面貌。

一、量子科技发展带来的技术变革趋势

纵观科技发展史,量子科技的发展历程就是超越技术标准、突破物理极限、更新发展赛道的过程。如量子力学让磁盘和光盘的信息存储、发光二极管、卫星定位导航等新技术成为可能,量子精密测量对时间、位置、加速度、电磁场等物理量实现了超越。量子科技现已跨入深化发展、快速突破的新阶段,展现出从基础研究到关键技术研发再到工程化集成与验证等系统性跃进的态势,正在重构传统技术体系,加快技术变革。

（一）量子微观调控技术的进步加快了由硬件到软件的技术更替速率

量子力学一经建立,就成为整个微观物理学的理论框架,催生了第一次量子革命,带来了原子能、半导体、激光、核磁共振、超导和全球卫星定位系统等重大技术的发明,从根本上改变了材料、生物、医药等科技的发展形态。例如,量子力学为材料技术的突破提供了新的分析工具,包括 X 射线、电子显微镜、正电子湮没、光学和磁共振成像等。② 在量子科技发展的初期,量子科技影响的技术领域一般是依托于仪器、设备的硬性技术,且导致的技术更替周期相对较长。但随着量子调控技术的不断进步,人类获得了对光子、原子等微观粒子主动、精确操纵的能力,量子科技有望为相关技

---

① 习近平在中央政治局第二十四次集体学习时强调:深刻认识推进量子科技发展重大意义加强量子科技发展战略谋划和系统布局[N].人民日报,2020-10-18(001).

② 人民咨询.世界量子日|为何让科学家"捉摸不透"? 揭开量子的神秘面纱[R/OL].(2022-04-14)[2024-01-11].https://k.sina.com.cn/article_7517400647_1c0126e4705903g0rc.html.

术领域的快速更迭提供软性技术。例如,量子计算具有强大的并行计算和模拟能力,可在需要大规模计算的人工智能、密码分析、气象预报、资源勘探、药物设计等领域发挥独特作用。①

现在,人类已很难找到与量子无关的新技术。量子科技正加快技术由硬件到软件的更替步伐,其形成的标志性成果将在保障信息安全、提高运算速度、提升测量精度等方面突破经典技术瓶颈,成为信息、能源、材料和生命等领域重大技术创新的源泉。可以想象的是,量子计算机一旦研制成功,可在一系列人类传统困难问题上实现计算能力的跃升,从而整体提高人类计算能力。如一台可以操纵 50 个粒子的量子计算机,就可在特定问题的计算能力上超过目前最快的超级计算机。

(二)量子科技向前沿领域的跃迁引发了多技术领域集成创新浪潮

实践证明,量子科技越向纵深方向和前沿领域发展,越需要多学科的密切交叉和多技术的系统集成。我国产出的多光子纠缠干涉度量、量子反常霍尔效应、世界首颗量子科学实验卫星"墨子号"、量子保密通信"京沪干线"、世界首台光量子计算原型机等重要量子科技成果,均是不同学科的人才运用计算机技术、工程技术、材料技术等进行集成创新的结果。量子科技的跃迁意味着要在前端的战略方向、尖端的技术手段、极端的物理环境、高端的测量工具等方面实现突破。这些顶级需求和基本特性决定了量子科技能够形成学科交叉性强、技术领域宽的广泛影响,必然需要以多技术并行的方式寻求更大突破。以超导量子计算的实现为例,其运行需要稳定和极低温的环境,芯片涉及半导体工艺制造技术,量子比特测控需要高精密微波手段。

未来量子科技的复杂度会不断攀升,例如怎样实现量子通信网络和经典通信网络的无缝衔接、如何有效解决大尺度量子系统的效率问题等。在

---

① 红旗文稿. 更好推进我国量子科技发展[R/OL]. (2020-12-13)[2024-01-11]. https://theory.gmw.cn/2020-12/13/content_34458192.html.

传统学科、成熟技术的发展路径日益受限的现实情况下,多学科交叉融合和多技术领域集成创新已成为各国发展量子科技体系化能力的必然选择。欧美发达国家的政府、大学、科研机构和科技企业正在量子科技前沿领域整合科技资源,集中多学科优势力量、多技术突破手段进行集成攻关,如欧盟通过量子技术旗舰计划集聚欧洲各成员国在量子通信、量子计算、量子模拟、量子传感和测量等方面的技术资源和要素。

(三)量子科技的体系性突破推进了技术实用化、工程化进程

鉴于量子科技对于高质量发展的重要性,不少国家均在培育或发展量子通信等战略性新兴产业上发力,加之量子科技发展对于产业创新的倒逼作用,量子科技的实用化、工程化进程被大大提前了。如在量子计算领域,英特尔公司于 2022 年基于极紫外光刻技术制造了生产硅电子自旋器件,让硅自旋量子比特芯片接近量产,为商业量子计算机的研制迈出了关键一步;在量子通信领域,北京量子信息科学研究院袁之良团队于 2023 年首创量子密钥分发开放式新架构,以光频梳技术成功实现 615 公里光纤量子通信,在确保量子通信安全性的同时能大幅降低系统建设成本[①];在量子传感领域,美国芯片级原子钟、引力波观测、原子干涉测量技术、冷原子传感器、原子级精密光刻技术等量子科技成果已在地球物理传感、手机通信、先进制造等领域实现商用。

虽然已有少量子科技完成转化,但更多量子科技成果的最终应用形式和时间具有高度的不确定性。完成量子科技实用化的前提往往需要基础研究、前沿技术、工程技术研发、工程化集成与验证等各个阶段形成体系性突破。量子科技兼具新型生产工具和关键核心技术的功能,对于战略性新兴产业的赋能效应明显,如量子精密测量技术应用对导航、环境监测、医学检验等产业就尤为重要。可以预见,量子科技成果的实用化、工程化进程

---

① 刘苏雅.世界首次!北京量子院实现量子密钥分发新架构[N].北京日报,2023-03-02.

将会越来越快,一个以量子计算、量子通信等为核心的量子产业体系和产业生态正在悄然形成。

二、量子科技对传统技术体系的改变

作为解决极小尺度物质和能量的交叉性科技领域,量子计算、量子通信、量子精密测量等量子科技在技术原理、技术知识、技术方法等方面都表现出不同于传统技术的特性,以其独特的规律和现象揭示了微观世界的奥秘,不仅颠覆了传统科技领域的认知,还为人类的科技进步提供了强大动力。鉴于此,国际上对量子计算也提出过"量子优势""量子霸权"等概念。概括来讲,量子科技对传统技术体系的冲击主要体现在对经典技术理论的颠覆、对传统技术范式的迭代、对旧有技术赛道的变更这三方面。

（一）对经典技术理论的颠覆

量子科技自诞生起就始终带有颠覆经典技术理论的气质。2022年诺贝尔物理学奖颁发给了量子信息领域的三位科学家阿兰·阿斯佩（Alan Aspect）、约翰·弗朗西斯·克劳泽（John F. Clauser）和安东·塞林格（Anton Zeilinger）表彰他们通过光子纠缠实验确定贝尔不等式在量子世界中不成立,否定了爱因斯坦对量子力学的否定。[①] 作为量子科技理论基础的量子力学,建立了固体能带论等理论,提供了激光、半导体晶体管、芯片等技术原理,以实质性的波函数或者概率幅丰富了传统的概率信息。

在计算领域,量子计算用量子力学原理作为计算逻辑,超越了传统的计算复杂性理论,超出了经典计算使用的布尔代数范畴,展现了远超经典计算机的强大能力。简言之,量子计算是将量子力学、线性代数和计算机

---

① 界面新闻.为基于量子信息的新技术铺平道路,3名科学家同获诺贝尔物理学奖[R/OL].(2022-10-04)[2024-01-15]. https://m.jiemian.com/article/8167945.html.

理论等结合在一起,充分利用量子叠加、纠缠与干涉等特性和量子逻辑门等,实现可编程运算的计算。如传统计算机难以破解基于大数因子分解问题和椭圆曲线离散对数问题的加密算法,但量子计算机却可借助量子位等进行轻松处理。

在通信领域,量子通信基于量子力学的原理,通过利用量子比特的量子态传递信息,包括量子密钥分发和量子隐形传态。这在安全原理上实现了超越,即量子力学基本原理保证了密钥的不可窃听,从而可在理论上实现无条件安全的量子保密通信。如应用量子隐形传态可以连接量子信息处理单元来构建量子网络,利用量子纠缠来直接传输微观粒子的量子状态(即量子信息),而不用传输这个微观粒子本身。

在测量领域,量子精密测量利用量子系统的特殊性质来测量和探测微弱的物理量。这意味着以量子状态对环境探测可以实现在时间、位置等物理量上对技术极限的突破,即在传统传感器难以准确测量或限制测量精度的情况下,量子传感器能够实现更高的灵敏度和分辨率。如借助原子干涉重力仪、原子陀螺仪等量子自主导航技术,水下定位精度可大幅提升至100天误差小于公里量级,不用像传统自主导航技术那样需要用卫星来修正。

(二)对传统技术范式的迭代

量子科技对传统技术体系的冲击很多时候表现为技术范式的迭代。量子科技在旧技术范式之外形成了新的技术理念、技术标准、技术规范,继而建立了与量子科技相匹配的新技术范式和技术共同体。如量子计算是遵循量子力学规律调控量子信息单元进行计算的新型计算模式,不以传统二进制的位(bit)而是以量子比特(qubit)来存储和处理信息。

就本体论而言,量子科技不同于传统物理学知识,更多围绕量子计算、量子通信、量子传感等技术攻关任务或解决多量子比特的相干操纵等技术难题,形成了具有物理、材料、计算机等多学科支撑的新技术知识体系。对于像量子科技这样复杂而前沿的技术攻关任务,无法通过零散的、传统的

知识完成,必须从问题出发重构能解决问题的新知识。如得益于量子科技的发展,科学家逐渐掌握微观规则,理解单原子到周期性排列的晶体原理,进而熟悉导体、绝缘体、半导体的差异性,为晶体管的产生建立了完整知识。

就认识论而言,量子科技不同于传统技术,更加关注基础研究、前沿技术、工程技术研发、工程化集成与验证等环节的贯通,越发强调以产学研协同推进技术原型设计或技术样品制造。对产品生产链条和技术应用场景的偏好构成了新技术范式在量子科技中的基本导向,如量子测量基于对微观粒子系统的操控进行传感测量,在精度、灵敏度和稳定性等方面带来数量级提升,展现了技术方向多元、应用场景丰富、产业化前景明确的特点。实际上,经过 40 余年发展,量子信息技术已从仅是学术界关注的基础科学研究和前沿技术探索,逐步进入产业界共同参与的工程应用研究和未来产业培育的新阶段。

就方法论而言,量子科技不同于传统技术范式指导下的实验方法、理论提炼和计算仿真模拟,而是在量子信息和量子概率理论框架下进行数学描述,利用量子态、叠加态等特性进行数据建模或运算,以突破传统技术或者传统模型的障碍。如 2014 年 1 月,中国科学技术大学中国科学院微观磁共振重点实验室杜江峰院士、王亚教授等人提出基于信号关联的新量子传感范式,即利用多个量子传感器之间的信号关联,提升对复杂对象的解析能力和重构精度。研究团队基于自主发展的氮—空位色心制备技术,可控制相距约 200 纳米的 3 个氮—空位色心并将之作为量子传感系统。①

(三)对旧有技术赛道的变更

量子科技相较传统技术的优越性往往在于技术路线的优化、技术轨道的变更、产品性能的替代等方面,进而可以显著提升技术能力,产生了堪称

---

① 徐靖.我科学家提出新量子传感范式[N].人民日报,2024-01-16(012).

非对称的竞争优势。有了量子科技，人类开始试图用各种几乎趋近极限的技术去操控微观粒子。如在量子精密测量领域，新型超灵敏量子精密测量技术的突破，开启了暗物质实验的直接搜寻。[①]

在技术路线上，量子科技提供了不同于传统的技术实现路径。它往往不是一味追求与商业模式创新等相结合的替代性、适用性工艺路线，而是在多种新技术路线的支持下实现技术效果的跃进。如在量子计算领域，虽然现阶段整体上依然处于中等规模含噪声量子处理器阶段，但量子纠错已验证纠错盈亏平衡点，超导、离子阱、光量子、中性原子、硅半导体、金刚石色心和拓扑七大主要技术路线并行发展，颠覆性的技术突破有望出现。

在技术轨道上，量子科技既可助力传统技术实现换道发展，也可通过自身发展独立形成一批技术新领域或产业新赛道，从而使量子科技推动技术、材料、设备的迭代升级成为可能。相较于传统芯片，量子芯片以量子门为基本单元构建了各种功能模块，利用量子位叠加态进行计算，表现出传统芯片不具备的并行计算和量子纠错等特点，形成了更为惊人的运行效果，进而在不同的技术轨道实现了创新超越。

在工艺性能上，量子科技往往可以通过对底层逻辑、生产方法、制造设备、技术工艺或材料特性等方面的改造，支撑产品或服务实现从量变到质变。如量子通信技术对于传统手机的性能提升，就是使用量子密钥分发技术等量子科技，在普通手机功能基础上实现赋能，防止通话窃听以及信息传输被监控，为应急指挥、城市安全、边防海岛、海洋渔业等场景应用提供更加泛在、安全的量子科技整体解决方案。

三、以量子科技发展推动传统技术体系升级

量子科技发展的重要性和紧迫性不言而喻，我们需要下好先手棋，因

[①]　张庆瑞.量子大趋势[M].北京:中译出版社,2023:7.

势利导，从技术基础、技术结构、政策支持等层面入手，将量子科技发展的积极赋能效应引入传统技术体系的升级过程，进而形成我国量子科技的体系化能力。

（一）夯实技术基础，以量子科技引领传统技术体系迈向价值链中高端

一是推进传统技术基础再造。以量子科技的冲击点确定传统技术体系的薄弱领域，支持企业等聚焦基础零部件、基础元器件、基础材料、基础软件、基础工艺和产业技术基础等领域加快技术攻关突破和产业化应用。扩大量子科技成果的应用市场，支持企业等围绕量子计算、量子通信、量子精密测量等强化首台（套）装备、首批次材料、首版次软件的运用。

二是提升传统技术高质量发展的支撑能力。围绕技术理论、技术范式、技术赛道等开展量子科技与传统技术发展的比较研究，高标准建设量子科技发展的战略平台，推动一批对量子科技和传统技术发展起关键支撑作用的重大基础设施建设。聚焦传统技术发展趋势和需求，推进量子芯片和元器件、量子保密通信、量子功能材料等关键技术攻关。加强协同创新，通过"揭榜挂帅""委托攻关""联合攻关"等方式构建"政产学研用"协作体系。

三是围绕传统技术改造需求扩大人才供给。实施"传统技术人才支持计划"，面向传统技术领域培养一批量子科技人才、数字化转型人才、先进基础工艺人才等。持续推进新工科建设，在量子科技与传统技术结合领域布局建设一批未来技术学院、现代产业学院、专业特色学院，建设"国家卓越工程师实践基地"。优化量子科技学科、专业设置，完善量子科技与相关学科相交叉的课程体系建设，扩大量子科技、传统技术等拔尖创新人才培养规模。

（二）优化技术结构，以量子科技推动新旧技术融合互促

一是推行量子科技场景应用示范工程。从传统领域转型、新兴领域培育角度分类应用量子科技成果，按照技术成熟度、成果匹配度建立量子科

技应用清单。试点建设"量子科技城市",推动"量子科技"融入城市治理体系。拓展"量子＋综合 PNT"应用场景①,服务国家时间频率和下一代北斗导航系统等国家重大工程及国家空间基准体系建设。

二是促进量子科技供应链和传统技术产业链网络化协同。支持构建数据驱动、精准匹配、可信交互的产业链协作模式,开展协同采购、协同制造、协同配送、产品溯源等应用,建设量子科技供应链。加强量子科技供应链、传统技术产业链资源共享,鼓励龙头企业共享量子科技产品供应方案和工具包,带动传统技术产业链上下游整体转型。支持重点行业建设"量子科技大脑",推动量子科技与重点产业链"链网协同"发展。

三是开展跨区域跨行业的技术融合。打造优势互补、错位发展的区域量子科技联盟,搭建量子科技和传统技术交流平台,深化重要城市间的量子科技产业协同。加大初创企业集群孵化力度,推进量子与新能源汽车、生命健康、高端装备、电子信息等现代化产业的融合发展。

(三)强化政策支持,以量子科技发展倒逼传统技术升级环境改善

一是加强顶层设计和前瞻布局。做好量子科技重大科技任务布局规划,优化科技资源配置,推动传统技术升级重大政策加快落地。鼓励分行业、分地区制定量子科技发展、传统技术迭代的实施方案,推出和宣传一批优秀案例和典型经验。充分发挥行业协会等中介组织桥梁纽带作用,在传统技术升级环境改善等方面强化政策宣贯、行业监测、决策支撑和企业服务。

二是加大财税政策支持。加大对量子科技发展的资金支持力度,以传统制造业为重点支持加快智改数转网联,推动量子科技引领传统技术高端化、智能化、绿色化、融合化升级。落实税收优惠政策,支持传统制造业企业参与高新技术企业、专精特新中小企业等培育和评定,按规定充分享受

---

① 　PNT 是定位(positioning)、导航(navigating)、授时(timing)体系的简称,是一个涉及陆海空天一体化的庞大体系工程。

财政奖补等优惠政策。推出传统产业领域的企业购置量子科技有关设备所得税抵免政策,引导企业加大软硬件设备投入。

三是强化金融专项服务。发挥国家量子科技产融合作平台、工业企业技术改造升级导向计划等政策作用,引导银行机构按照市场化、法治化原则加大对传统制造业转型升级的信贷支持,优化相关金融产品和服务。鼓励量子科技产业投资基金加大对传统行业股权投资支持力度。发挥多层次资本市场作用,支持符合条件的量子科技企业通过股票、债券等多种融资方式加大研发投入,将更多科技成果转化溢出到传统技术体系。

第2篇　全球量子科技战略布局概览①

报告核心内容

近年来,各国对量子科技的重视和投入不断增加,量子科技领域的全球竞争愈发激烈。本报告初步梳理量子信息技术的内涵与范围,汇总美国、欧盟、英国、加拿大、日本、中国量子信息技术的战略布局,阐述量子计算、量子传感、量子通信三个领域的研究现状并分析其发展趋势和前沿方向。针对我国在量子计算和量子传感领域存在的技术差距、国际合作、成果转化等问题,提出应以解决量子信息科学问题为导向,部署前沿研究,重视薄弱方向;补产业发展短板,分阶段、分领域培育和发展量子信息产业,支持初创企业培育;建立量子信息生态系统,推动量子信息领域协同发展等对策建议。

以量子计算、量子通信和量子传感为代表的量子信息技术,是量子科技的重要组成部分,有望成为未来重大技术范式变革和颠覆式创新应用的新源泉。发展量子信息技术,推动科研成果应用和产业生态构建,已成为全球在前沿科技领域政策布局与投资支持的热点,也是各国构建未来产业

---

① 本报告于 2023 年下半年撰写。撰写人:朱相丽(中国科学院文献情报中心副研究员)。

竞争力、维护国家技术主权的重要方向之一。[①] 近年来,量子信息技术加速发展,技术创新活跃,亮点成果不断涌现,应用场景探索广泛开展,产业生态培育方兴未艾。中国已将量子科技提升至国家战略高度,出台系列政策,逐步加大支持力度,其中"十三五"规划将量子信息技术作为体现国家战略意志的重大科技项目之一。"十四五"规划在强化国家战略科技力量、发展壮大战略性新兴产业、打造数字经济新优势等多个方面对量子信息发展进行了部署,量子信息已被视为三大最重要的前沿数字技术之一。《"十四五"国家信息化规划》指出,要布局探索量子信息技术研究,加强共性关键技术和基础器件研发,超前布局量子通信、量子计算、量子传感技术研究,推动量子计算应用探索与产业生态体系建设,探索构建量子信息网络技术与标准体系。在政策的支持和牵引之下,我国量子信息技术领域具备良好基础,前沿研究和应用推广方面取得诸多进展。量子信息技术在信息安全、通信网络、人工智能、空间探测、生物医疗等领域将产生基础共性乃至颠覆性的重大影响。

一、量子信息技术的内涵与范围

量子信息技术通过对光子、电子和冷原子等微观粒子系统及其量子态进行精确的人工调控和观测,借助量子叠加和量子纠缠等独特物理现象,以经典理论无法实现的方式获取、传输和处理信息,其代表技术包含量子计算、量子传感/量子测量、量子通信、量子网络等。本报告主要围绕量子计算、量子传感、量子通信三个领域进行阐述。量子计算是指利用量子态特性(如量子叠加或纠缠)进行计算。量子传感是指利用量子力学特性(如原子能级、光子态或基本粒子的自旋)进行计量,主要包括时间基准、惯性

---

① 中国信息通信研究院.量子信息技术发展与应用研究报告(2022 年)[R].2023 年 1 月.

测量、重力测量、磁场测量和目标识别等方向,在测量精度、灵敏度等方面比传统测量技术有明显优势。量子物理常数和量子传感技术已经成为定义基本物理量单位和计量基准的重要参考。量子通信是利用量子叠加态和纠缠效应进行信息传递的新型通信方式,主要分为量子隐形传态和量子密钥分发两种。

量子计算、量子传感、量子通信等领域的研发工作相互促进,并与其他领域交叉连接。例如,量子传感器的支持技术,如激光系统、集成光学、低温学和专用材料,可以在量子计算和量子网络中发挥作用。利用暗光纤和自由空间光学的量子网络可能会实现全新的量子传感器,量子计算实验中首次展示的技术正在使用离子阱和量子逻辑光谱学来提高原子钟的性能。

二、全球量子科技战略布局概览

(一)美国颁布国家层面量子战略,建立完善的咨询、监督与资助架构

美国建立了受法律约束的量子信息科技管理体系,包含量子信息科学小组委员会、国家量子协调办公室、国家量子计划咨询委员会、国家科学基金会(NSF)、能源部(DOE)、国家标准技术研究院(NIST)等在内的咨询建议机构、协调机构、监督机构、研发资助机构。2020 年 2 月,美国国家量子协调办公室发布《美国量子网络的战略构想》[①],明确了构建世界首个量子互联网的愿景,并提出未来 5 年内,实现从量子互连、量子中继器、量子存储器到高通量量子信道和探索跨洲际距离的天基纠缠分发;未来 20 年内,推动量子互联网链路利用网络化量子设备实现经典技术无法实现的新功能。2020 年 7 月,美国能源部发布《从远距离纠缠到建立全国性的量子互

---

① The White House National Quantum Coordination Office. A Strategic Vision For America's Quantum Networks[R/OL]. Washington, 2020. https://www.quantum.gov/wp-content/uploads/2021/01/A-Strategic-Vision-for-Americas-Quantum-Networks-Feb-2020.pdf.

联网》①,明确了量子互联网发展蓝图,提出了四个优先研究方向,即为量子互联网提供基本构建模块(如量子限制探测器、量子源和传统源的信号转换器、量子存储器等),集成多个量子网络设备,为量子纠缠创建中继、交换和路由,以及实现量子网络功能纠错。2022 年 2 月,美国国家科学技术委员会(NSTC)发布《量子信息科技人才培养国家战略规划》②,提出应培养拥有工业界、学术界和政府所需的广泛技能的多元化、包容性和可持续的劳动力队伍,他们应同时具备持续性学习能力以适应量子信息科技格局的发展。

(二)欧盟及成员国紧密合作发展量子信息技术

欧盟通过量子技术旗舰计划为欧洲各成员国的量子研究提供支持。2018—2021 年,量子技术旗舰计划获得 1.93 亿欧元的欧盟资金,支持了量子通信(4)、量子计算(4)、量子模拟(2)、量子传感和测量(4)以及基础量子科学(7)方向共计 21 个项目。2020 年,量子旗舰战略咨询委员会发布《战略研究议程》③,对量子技术旗舰计划细化,提出量子通信、量子计算、量子模拟以及量子计量和传感等领域的发展路线图。欧洲成员国之间还通过欧洲量子通信基础设施计划(EuroQCI)和欧洲量子研究区域(QuantERA)项目进行紧密合作。

(三)英国较早发布国家层面的量子信息科技战略和商业化路线

2023 年,英国科技、创新与技术部发布"2023 国家量子战略"(National

---

① U. S. Department of Energy. From Long-distance Entanglement to Building a Nationwide Quantum Internet[R]. Washington,2020. https://www. energy. gov/sites/prod/files/2020/07/f76/QuantumWkshpRpt20FINAL_Nav_0. pdf.

② Subcommittee on Quantum Information Science Committee On Science of the National Science Technology Council. Quantum Information Science and Technology Workforce Development National Strategic Plan[R/OL]. Washington,2022. https://www. quantum. gov/wp-content/uploads/2022/02/QIST-Natl-Workforce-Plan. pdf.

③ Quantum Flagship. The Quantum Flagship Officially Presents the Strategic Research Agenda to the European Commission[EB/OL]. (2020-03-03)[2023-12-18]. https://qt. eu/news/2020/the-quantum-flagship-officially-presents-the-strategic-research-agenda-to-the-european-commission.

Quantum Strategy)①,其中描述了未来10年英国成为领先的量子经济体的愿景以及行动计划,并阐述了量子技术对英国繁荣和安全的重要性。该战略预计到2033年,英国将成为一个领先的量子经济体。未来的数字基础设施和先进的制造基地将推动英国社会的经济增长。为了实现这一目标,英国计划从2024年起的10年里投入25亿英镑开发量子技术,并为该项目引入额外10亿英镑的私人投资。计划将确保英国是世界领先的量子科学和工程基地;支持量子业务,使英国成为量子领域的首要市场;推动量子技术在英国的应用并创造收益;建立国家和国际监管框架,保护英国国家安全。

(四)加拿大提升其量子研究全球领导地位,推动量子技术研发及转化

2023年,加拿大创新、科学和工业部启动加拿大国家量子战略。② 该战略将致力实现加拿大量子技术的未来愿景,并帮助创造数千个就业机会。国家量子战略由关键量子技术领域的三个任务驱动:一是计算硬件和软件,使加拿大在开发、部署和使用这些技术方面成为世界领先者;二是通信,为加拿大配备国家安全量子通信网络和后量子密码能力;三是传感器,支持加拿大开发人员和新量子传感技术的早期采用者。这些任务将通过对三个支柱的投资来推进:一是研究,计划投入1.41亿加元用于支持基础和应用研究;二是人才,计划投入4500万加元用于吸引和留住来自加拿大和世界各地的量子领域专家人才;三是商业化,计划投入1.69亿加元用于科研成果转化。

---

① Department for Science, Innovation Technology. National Quantum Strategy[R]. London, 2023. https://assets. publishing. service. gov. uk/media/6411a602e90e0776996a4ade/national_quantum_strategy. pdf.

② Innovation, Science and Economic Development Canada. Government of Canada Launches National Quantum Strategy to Create Jobs and Advance Quantum Technologies[EB/OL]. (2023-01-13)[2023-12-18]. https://www. canada. ca/en/innovation-science-economic-development/news/2023/01/government-of-canada-launches-national-quantum-strategy-to-create-jobs-and-advance-quantum-technologies. html.

（五）日本促进最先进量子技术的开发和应用，打造新产业和初创企业

2022 年 4 月，日本发布《量子未来社会愿景》①。该战略旨在将量子技术纳入整个社会经济体系，并与经典技术系统相结合，为日本产业创造增长机会，解决社会问题。在量子技术研发方面，一是加速日本国产量子计算机的研发，打造量子—经典混合计算系统；二是从根本上加强量子软件研发；三是推进量子加密通信应用和量子互联网研究，实现量子—经典一体的网络安全；四是扩大量子测量和传感技术的应用。在打造创新基础方面，一是支持能应用量子技术的初创企业的创建；二是针对量子技术的研发与应用在东北大学、理化学研究所等 5 家机构创建相关基地；三是培养并留住人才；四是推进量子技术相关的知识产权战略和标准化进程；五是促进国内政产学合作和国际合作；六是通过展览、融媒体宣传等推进科普活动；七是整顿商业环境，确保经济安全。

三、量子科技研究现状

本部分主要对量子计算、量子传感、量子通信这三个量子科技领域代表性技术的研究现状进行分析。量子计算是近年来技术创新的热点，重点技术创新方向包括量子计算的物理实现、量子纠错/缓解，以及量子计算和人工智能/机器学习相结合等。② 量子计算软硬件技术发展远未成熟，应用探索与产业培育处于起步阶段。量子传感领域，基于冷原子的重力仪、频率基准（时钟）、加速度计、陀螺仪等产品实现商用，量子测量将助力垂直行业数字化升级。量子通信现实中已经存在部分应用，已实现洲际量子通信，正在推动更远距离量子通信、天地量子通信。

---

①　内阁府. 新たな量子技術に関する戦略：量子未来社会ビジョンについて[EB/OL]. (2022-04-22)[2023-12-18]. https://www8.cao.go.jp/cstp/tougosenryaku/11kai/11kai.html.

②　据欧洲专利局对国际专利家族 1990—2020 年数据的统计得出的结论。

（一）量子计算

量子计算领域国际竞争激烈。美国以解决科学问题为导向,设立量子计算的算法、设备、工程、计算机,以及在科学应用层面设立国家级研究机构,形成由大型跨国企业和初创公司构成的多样化技术转化市场环境。2022 年 IBM 发布含 433 个量子比特的"鱼鹰"芯片,芯片数量是 2021 年"鹰"芯片的 3 倍多。为解决"鱼鹰"芯片中的纠错问题,IBM 同时更新了配套量子信息技术 kit Runtime 软件,允许用户通过应用程序编程接口中的一个简单选项减少错误计数。英特尔在量子芯片生产研究方面,基于极紫外光刻技术制造生产硅电子自旋器件,硅自旋量子比特芯片接近量产,成为朝着商业量子计算机所需的数千甚至数百万量子比特迈出的关键一步(2022 年)。离子阱量子计算公司 IonQ 和现代汽车公司合作开发新的变分量子本征求解(VQE)算法来研究锂化合物及其在电池化学中的化学反应,该项目将为提高锂电池的性能、效率、成本和安全性奠定基础(2022年)。此外,美国还在加速实用级规模量子计算机开发。光量子计算企业 PsiQuantum 与美国空军研究实验室(AFRL)建立量子计算方面的合作伙伴关系,基于现有成熟的半导体制造能力来加速量子光子芯片规模化生产(2022 年)。2023 年,美国国防高级研究计划局(DARPA)资助微软、Atom Computing 和 PsiQuantum 开展"未开发的实用规模量子计算系统项目",将确定尚未得到充分重视的商业方法是否可以从当前的量子能力发展为原型容错量子计算机,并最终发展为公用事业规模级的量子计算机。

欧盟推出商用量子计算机、新型量子处理器,提供量子计算方案,开发更高性能的量子计算技术,开展量子计算应用研究,同时也部署开发实用量子计算机。德国弗劳恩霍夫协会和美国 IBM 合作推出首台量子计算商用机 Quantum System One,该计算机有 27 个超导量子位,企业和研究机构可以在该计算机上开发和测试与应用程序相关的量子软件(2021 年)。荷兰公司 QuantWare 推出基于超导电路的商用新型量子处理器 Tenor,

该处理器具有 64 个完全可控的量子比特,可实现垂直方向的路由连接,价格比竞争对手的解决方案低 10 倍(2023 年)。法国农业信贷银行 CIB 和欧洲量子公司 Pasqal 以及 Multiverse 向客户提供商业量子计算方案,验证了量子计算在金融产品估值和信用风险评估方面的潜力,使用只有 50 个量子比特的量子处理器,保持结果准确性、显著缩短计算时间、减小占用内存,为量子计算的实际应用铺平了道路(2023 年)。

英国综合量子计算、人工智能等未来先进技术应对社会和经济发展中的挑战,综合各方力量推动量子计算的创新和应用,已有商用中性原子量子计算机,量子计算应用程序可商用生成随机数,量子计算机已应用于国防。Orca Computing 向英国国防部出售了室温下工作的量子计算机(2022 年),该机构开发的软件允许使用单个光单元的小型光子处理器应用于复杂的机器学习和优化任务,其中包括图像分析、手写识别和决策等。M Squared 公司推出了英国首台商用中性原子量子计算机的原型——Maxwell 系统(2022 年)。

加拿大量子计算公司 Xanadu 构建了一台名为 Borealis 的光量子计算机,可以通过测量多达 216 个纠缠光子的行为来进行计算。该计算机在 36 微秒内完成的高斯玻色取样任务,最好的超级计算机至少需要 9000 年才能完成。该公司还将 Borealis 连接到互联网上,允许其他人使用该计算机(2022 年)。

日本正在建设量子计算机,并将与其他先进计算能力结合,助力药物、材料等领域发展。2023 年,日本国立自然科学研究所(RIKEN)与富士通专家联合开展项目,计划在 2025 年之前将量子计算能力集成到世界上第二快的富岳(Fugaku)超级计算机中,在 2025 年左右将量子计算技术投入现实世界。此举可能提高日本公司在尖端药物、材料和其他领域的竞争地位。

我国在光量子比特和超导量子比特两种物理体系都已实现量子计算优越性,超导量子计算纠错研究取得进展,量子计算公司在超导和光子量

子计算硬件研发上发展较好,并已开发量子计算的化学应用软件
ChemiQ。中国科学技术大学潘建伟研究团队构建 62 比特超导量子计算
原型机"祖冲之号",实现了可编程的二维量子行走(2021 年)。在此基础
上,该团队与中科院上海技术物理研究所合作,实现超导量子比特体系"量
子计算优越性"里程碑。2023 年下半年,团队又成功构建了 66 比特的"祖
冲之二号"和 255 个光子相干操纵的"九章三号",牢固了我国量子计算领
域的两种技术体系。与此同时,玻色量子完成自主知识产权的相干光量子
计算机平台——"天工量子大脑"硬件研发(2022 年)。深圳量子科学与工
程研究院、深圳国际量子研究院、福州大学和清华大学,在基于超导量子线
路系统的量子纠错领域取得突破性实验进展,通过实时重复的量子纠错技
术延长了量子信息的存储时间,在国际上首次超越盈亏平衡点,展示了量
子纠错优势①(2023 年)。

(二)量子传感

量子传感产业化的国际竞争激烈,各国重视开发更精密的量子传感技
术,重视该技术在多个领域的应用。美国多家大学领导的研究所开展量子
传感在生物、气候,以及太空等领域的应用研究。日本通过综合支持研发、
国际合作、产学官合作、人才培养多种政策措施推动量子技术产业化。

美国芯片级原子钟、引力波观测、原子干涉测量技术、冷原子传感器、
原子级精密光刻技术实现商业应用,应用领域涉及科学探索、国防,以及地
球物理传感、手机通信、先进制造等,并着力提升量子传感性能。科罗拉多
大学的研究团队首次实现了一种由 700 个原子组成的腔量子电动力学系
统中的物质波干涉仪,可以以超越标准量子极限的精度测量加速度②
(2022 年)。斯坦福大学研究人员基于网络节点之间的空间分布纠缠获得

---

① NI Z, LI S, DENG X, et al. Beating the break-even point with a discrete-variable-encoded logical qubit [J]. Nature, 2023, 616(7955): 56-60.

② GREVE G P, LUO C, WU B, et al. Entanglement-enhanced matter-wave interferometry in a high-finesse cavity [J]. Nature, 2022, 610(7932): 472-477.

了更高的传感精度,与没有空间分布纠缠的网络相比,该网络提供了高达4.5 分贝的精度,与工作在量子投影噪声极限(QPN)下的传感器网络相比,提高了 11.6 分贝。[1] 加州大学欧文分校的 Wilson Ho 团队利用基于飞秒太赫兹(THz)泵浦—探测的扫描隧道显微镜(STM)技术,在原子级空间分辨与飞秒级时间分辨尺度上实现了氢分子(H_2)量子相干性的精确测量,这一相干性的测量来源于 H_2 在氮化铜(Cu_2N)岛上不同吸附位点所构成的双能级系统,及其相干叠加态在太赫兹电场作用下的高灵敏响应。[2]

量子传感已被用于国防和科学探索等领域,正被开发应用于磁场测量、雷达探测、医疗等领域。意大利帕维亚大学和中国科学院重庆绿色智能技术研究院共同提出了一种使用纠缠光子作为雷达探测器的方法,该方法可以更精准地进行位置测量(2021 年);丹麦奥胡斯大学利用光泵磁力仪(OPM)对视网膜进行诊断,OPM 有望取代纤维电极和隐形眼镜电极,提供一种舒适的非接触式临床视网膜扫描系统。德国初创公司 Nvision Imaging Technologies 在医学量子传感成像方面取得进展,使用 MRI 在代谢水平上评估早期患者对癌症治疗的反应,该技术将对肿瘤学、心脏病学、肝病学、肾脏病学、神经病学和风湿病学产生影响,获得欧盟创新雷达奖(2022 年)。

子重力传感器商用,开发引力波量子传感器,基础研究助力量子传感技术。英国伯明翰大学和相关企业的研究人员开发出了基于原子干涉测量的量子重力传感器,该传感器已经被用于石油和天然气领域(2020 年);英国伦敦大学、荷兰格罗宁根大学和英国华威大学的研究人员联合提出了一种中频引力波量子探测器,该探测器的体积仅为目前使用探测器体积的

---

① MALIA B K, WU Y, MARTíNEZ-RINCóN J, et al. Distributed quantum sensing with mode-entangled spin-squeezed atomic states [J]. Nature, 2022, 612(7941): 661-665.

② WANG L, XIA Y, HO W. Atomic-scale quantum sensing based on the ultrafast coherence of an H_2 molecule in an STM cavity [J]. Science, 2022, 376(6591): 401-405.

1/4000;由英国兰卡斯特大学、英国伦敦皇家霍洛威大学伦敦分校、美国耶鲁大学和芬兰阿尔托大学组成的国际研究团队首次观察到了"时间晶体"的相互作用,有望改善当前的原子钟技术,提高陀螺仪性能。

中国学术机构在重力、磁场等量子传感测量技术上达到了国际领先水平。武汉大学、中国科学院、华中科技大学等针对原子重力仪和原子重力梯度仪开展了大量研究探索,在 2017 年全球绝对重力仪关键对比(CCM.G-K2.2017)中,中国原子干涉型绝对重力仪取得了国际领先的成绩。中国科学院精密测量科学与技术创新研究院研制出不确定度为 3×10^{-18}(相当于 105 亿年不差 1 秒)的钙离子光频标,成为国际上第五种不确定度指标达到该水平的光频标。复旦大学物理系实现了突破标准量子极限的高灵敏度原子磁力计,在精密测量的实际应用道路上迈出了重要一步。同年,中国科学技术大学在金刚石量子模拟实验研究方面取得新进展,有望推进金刚石单自旋体系在量子精密测量领域产生更广泛的应用。通过采用纠缠等量子资源,量子磁力仪在磁场单个分量测量中达到最高精度,中国科学技术大学首次给出同时测量磁场矢量三分量的最终理论精度极限,该工作提供了一套解决其他多参数量子精密测量问题的新方法。

北京航空航天大学和中航科工 33 所于 2013 年研发出核磁共振陀螺样机,2016 年实现芯片级陀螺研制;2018 年,中国电子科技集团有限公司自主研发出量子雷达样机,突破同类雷达的探测极限,率先实现远程探测的量子雷达;2020 年,中电 14 所与南京大学联合研发的超导阵列单光子探测器雷达系统进行外场测试,实现了对数百公里外小目标的实时跟踪探测;2021 年,华中科技大学研制出实用化的高精度铷原子绝对重力仪装备,该仪器精度达到微伽水平。

(三)量子通信

美国在高速量子通信、量子密钥商用等方面取得重要进展。2023 年,美国国家航空航天局(NASA)开发了用于测量光子到达时间的新探测器,

用于计算光量子的性能增强阵列(PEACOQ)探测器,可应用于高速量子通信。同年,Qrypt 和 Megaport 推出了使用由 Qrypt 量子密钥生成技术提供支持的量子安全方法传输数据的能力,能够实现基于量子密钥生成技术支持数据安全传输。

欧洲部署建设光纤量子通信网络基础设施和天基量子密钥分发系统。2022 年,德国图林根州科学部提供 1100 万欧元,用于在德国联邦州图林根州开发量子通信网络基础设施,包括耶拿和爱尔福特之间基于光纤的测试路线。弗劳恩霍夫应用光学与精密工程研究所的合作伙伴现已在 75 千米路线上首次成功交换量子密钥,在为期 10 天的测试中,发送了超过 30 万个量子密钥。在欧洲航天局(ESA)和欧盟委员会的支持下,卢森堡卫星公司 SES 将与欧洲合作伙伴一起共同设计、开发、发射和运营 EAGLE-1 卫星的端到端系统,包括建设欧洲首个主权端到端天基 QKD 系统,开发和运营专用的低地球轨道(LEO)卫星,并在卢森堡建立一个最先进的 QKD 运营中心。EAGLE-1 卫星将于 2024 年发射,届时将完成欧盟委员会支持的三年在轨任务,为实现超安全数据传输的欧盟星座铺平道路。

各国合力探索基于量子密钥实现数据安全传输的不同方式。2021 年,英国电信、东芝欧洲公司和数字工程技术与创新(DETI)创建的英国第一个工业量子安全网络完成测试。该量子安全网络使用英国电信的“标准”光纤基础设施和东芝的量子密钥分发系统,在国家复合材料中心(NCC)和建模与仿真中心(CFMS)之间形成了一条 7 公里长的基于量子密钥分发的加密隧道,实现制造数据的实时、安全共享。

我国正在积极探索多节点广域量子网络的建设。2017 年,中国开通了量子通信骨干网络“京沪干线”,成为世界上最远距离的基于可信中继方案的量子安全密钥分发干线。2016 年和 2022 年分别发射了中国研制的首颗空间量子科学实验卫星“墨子号”和世界首颗量子微纳卫星“济南一号”,意味着中国量子通信商业化迈出了重要一步。2022 年,国盾量子和

问天量子入选首批工信部商用密码应用推进标准工作组成员单位,这两家公司的企业资信能力和技术水平等多方面因素得到国内认可。2023 年,北京量子信息科学研究院袁之良团队首创量子密钥分发开放式新架构,采用光频梳技术,成功实现 615 千米光纤量子通信。该架构在确保量子通信安全性的同时,能大幅降低系统建设成本,为我国建设多节点广域量子网络奠定基础。

四、加速我国量子信息技术及产业发展的建议

以量子计算、量子通信和量子传感为代表的量子信息技术已成为未来国家科技发展的重要领域。"十三五"以来,在国家高度重视和支持下,这三大领域取得很多成果,量子通信的科研基本与国际同步,但是量子计算的前沿研究等与欧美存在较大差距、量子传感的商业化和产业化仍有一定差距。

(一)以解决前沿科学问题为导向,加强量子科技研发布局,加快填补研究缺口

一是加强面向解决科学问题的前沿方向部署。国家及相关研究机构项目布局应更加注重以解决量子科技的科学问题为导向,如量子计算领域应更加注重对于量子误差和量子纠错方向的前沿布局;量子传感领域应更关注纠缠和多体量子态方向;在前沿交叉领域,应重视量子材料、量子互连、产生和分发量子纠缠等共性问题。

二是加快薄弱环节补短板。加大在量子计算、量子传感领域基础研究投入力度,努力实现具有重大突破的科研成果产出。量子计算方向加强对自适应算法、量子＋经典混合算法、变分本征求解器等算法,以及适用于噪声中尺度量子计算机的算法、设备等研究,错误表征和缓解等纠错研究的投入。量子传感方向加强对引力波量子传感、原子尺度(亚纳米级别)精密

光刻等投入。

三是开展交叉科学研究。鼓励实验物理学、量子控制理论、计算机科学和软件、工程学领域的研究人员开展合作,推动量子模拟纠错研究。量子信息发展各环节紧密联系,在基础研究阶段,需要兼顾到实验验证、成果转化阶段的性能要求和尺寸、重量、功率和成本的实际限制,合理预测基础研究的可行性,为后续的实际应用预留发展空间。

(二)补产业发展短板,分阶段、分领域培育和发展量子信息产业

一是补产业发展短板。量子计算领域,重点发展打造有国际影响力的企业,培育更多量子计算算法研究初创企业,打造量子计算多样化的技术转化生态。量子传感领域,支持初创企业,促进重力、磁场等成熟的量子传感技术的落地。

二是分阶段培育传感技术企业。加快发展新型量子传感技术,推动原型样机研制,集中精力研发基于量子纠缠态的量子磁力仪(同时测量三个磁场分量)、高灵敏度原子磁力计、基于金刚石单自旋的量子精密测量仪器等。针对已开发样机、处于外场/实地验证阶段的技术,如芯片级核磁共振陀螺、量子雷达、超导阵列单光子探测器雷达、铷原子绝对重力仪等,推动其成果商业应用。

三是重点发展若干代表性应用领域。量子计算重点发展金融行业、药物研发、国防等方向。量子传感重点发展生命健康、环境监测、科学前沿探索等应用。

(三)建立创新生态系统,推动量子信息领域协同发展

一是建立大学和产业的综合研发机构。支持建立产学研合作研究中心,并聚焦先进材料、器件,以及计算、传感和通信领域,加强学术机构与国内外企业的合作。一方面增强量子信息应用基础研究,建设面向用户的量子方案,与用户企业合作,开发出符合企业需求的量子解决方案,另一方面为民间企业开拓新的用户市场。

二是建立政产学研联盟合作机制。学习国外先进的合作机制,树立起国内政产学研合作的典范,不断探索政产学研合作模式。设立初创企业专项基金,支持产品和服务创新,解决产业管理研究活动存在的特殊挑战,鼓励风险投资关注早期、初创的量子技术公司。

第3篇　推动量子科技加速发展①

报告核心内容

量子科技已进入到深化发展、快速突破的历史新阶段,成为新一轮科技革命和产业变革的领军领域。各国正加紧布局投入、抢占战略制高点。当前量子科技领域聚焦于量子计算、量子通信等方向,同时活跃于量子隐形传态、量子神经形态等新兴研究方向,而我国仍待提升新兴方向参与度、前沿研究发文质量与国际合作水平,以及技术应用与创新生态营造。为此,本报告建议:加快打造政产学研协同生态、推动关键技术阶段性突破与工程应用、加强量子科技跨学科教育,全力构筑量子科技领域发展新优势。

2020 年 10 月 16 日,中共中央政治局就量子科技研究和应用前景举行第二十四次集体学习,习近平总书记在主持学习时强调,要找准我国量子科技发展的切入点和突破口,抢占量子科技国际竞争制高点,构筑发展

①　本报告最初撰写于 2021 年 3 月,后被教育部科学技术委员会《专家建议》(2021 年第 3 期)采纳,编入本书过程中做了适当调整,部分信息做了更新。撰写人:吴伟(浙江大学中国科教战略研究院副研究员)、朱相丽(中国科学院文献情报中心副研究员)、沈锦璐(时为浙江大学公共管理学院博士生),在撰写过程中还咨询了游建强(浙江大学物理学系教授)、唐华锦(浙江大学计算机学院教授)、胡慧珠(浙江大学先进技术研究院教授)等多位专家,一并致谢。

新优势。[①] 当前,量子科技已进入深化发展、快速突破的历史新阶段,成为新一轮科技革命和产业变革的领军领域。但量子计算机的实用化、量子通信的产业化仍存在发展瓶颈。在多学科交叉融合、产学研协同、国际研发合作上,我国未来仍有很大发展进步空间。本文结合近 10 年量子科技领域的文献研究数据,分析全球量子科技领域的技术前沿趋势、国际竞争态势,并提出推动量子科技领域加速发展的建议。

一、量子科技领域前沿趋势

(一)量子计算物理平台探索发展迅速,量子计算云平台成为研究热点,但技术实用化核心瓶颈待突破

量子计算是目前物理学和信息科学前沿的交叉研究领域,其带来的算力飞跃,有可能在未来引发计算革命,成为推动科学技术加速发展演进的"触发器"和"催化剂"。目前,量子计算仍处于技术攻关和原型样机研制验证的早期发展阶段,尚无任何一种路线能够完全满足量子计算技术实用化的 DiVincenzo 条件;量子处理器的物理比特实现仍是量子计算研究的核心瓶颈,尚未实现技术路线收敛。[②] 未来可能在实现特定计算问题求解的专用量子计算处理器,用于大数据集优化的量子计算新算法,以及用于分子结构和量子体系模拟的量子模拟机等方面率先取得突破。

(二)量子隐形传态处于前沿研究阶段,量子密钥分发初步进入产业化,量子通信将成为科技发展焦点

量子通信利用微观粒子的量子叠加态或量子纠缠效应等进行信息或

---

① 人民日报. 深刻认识推进量子科技发展重大意义 加强量子科技发展战略谋划和系统布局[N/OL]. https://paper. people. com. cn/rmrb/html/2020-10/18/nw. D110000renmrb_20201018_1-01. htm,2020-10-18.

② 信息安全与通信保密杂志社. 量子计算综述报告[R/OL]. https://www. 163. com/dy/article/GP6O5B960552NPC3. html,2021-11-19.

密钥传输,基于量子力学原理保证信息或密钥传输的安全性,主要分为量子隐形传态和量子密钥分发两类。量子密钥分发已在高安全保密通信中进行初步应用,基于量子隐形传态的量子通信和量子互联网是未来量子信息技术领域的前沿研究热点。量子通信和量子信息网络的研究和发展,将使得信息安全和通信网络等领域产生重大变革,成为未来信息通信行业的科技发展和技术演进的关注焦点之一。

(三)量子科技领域新兴研究方向活跃,马约拉纳零模研究表现相对最优,部分新兴方向中国参与度待提高

基于科睿唯安基本科学指标(ESI),对 2010—2019 年量子科技研究领域的 5483 篇科研论文进行统计分析,并在此基础上扩充形成新兴研究方向。[①] 图 1 展示了核心论文百分比最大的 10 个新兴研究方向在核心论文的平均出版时间和施引论文的年均增长率两个维度的分布情况。[②] 新兴研究方向"马约拉纳零模研究"表现相对最优,核心论文的平均出版时间为 2016 年 7 月,施引论文的年均增长率为 9.36％。[③] 中国在"量子安全直接通信实验研究"方向的论文参与份额为 81.36％,相对较高[④];而在"量子模拟"和"量子点中的量子比特研究"上的参与份额分别为 13.73％和 13.86％,参与度相对较低。

(四)神经科学与量子科学融合空间大,量子神经形态计算概念兴起,但开发使用仍需多领域研究投入

"类脑"计算的核心是将计算和存储单元合二为一,利用神经网络内在

---

① 科睿唯安基本科学指标(Essential Science Indicators,ESI)高被引论文数据截至 2020 年 3 月;新兴研究方向是指包含一个研究前沿中的所有核心论文,以及共同引用核心论文的施引文献的研究方向。

② 核心论文是具有共被引关系的高被引论文,核心论文百分比指归属于量子科技研究领域的论文占新兴研究方向核心论文总数的百分比;核心论文的平均出版年代表研究前沿的出现时间,施引论文的年均增长率代表研究前沿出现之后受到全球科研人员关注的速率。

③ 报告数据截至 2019 年,而相近几年该研究方向的突破并不显著,请读者留意。

④ 中国在该方向的论文参与份额之所以较高,是由于该方向并非全球都研究的热点方向,请读者留意。

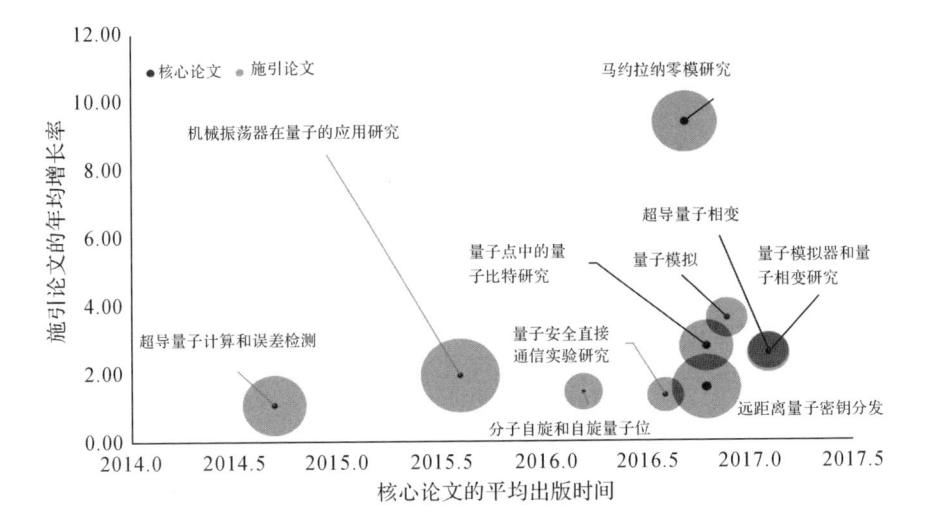

图 1　量子科技研究领域施引论文的年均增长率最大的 10 个新兴研究方向[①]

的高密集互联与自然的并行化计算实现智能计算。欧盟"2020 地平线"计划已经提出量子神经形态计算的概念[②]，试图将量子计算基于量子纠缠和线性叠加属性的高效算法与神经网络计算基于模拟生物智能的人工神经元和突触的"类脑"结构进行结合。探寻神经网络模型和量子物理模型之间的映射，可以把两个相对较成熟领域的成果结合起来，发现新的数据存储和人工计算模式，发展新的"算力"标准，形成超级智能（"类脑"计算）加量子云技术的未来技术。如何将新材料、新器件集成到运算系统中，用可扩展的方式去验证和实现神经形态系统，仍需要多个领域的研究投入。

（五）量子计算可加速经典机器学习，量子启发式算法提供新设计思路，但量子机器学习理论支撑待完善

量子机器学习是量子物理学和机器学习交叉的一个新兴的交叉学科研究领域，近年的研究成果初步展示了量子计算可以加速经典机器学习，

利用量子纠缠、相干和非局域性等量子力学相关特性实现经典机器学习的超多项式级加速。经典机器学习算法可以有效求解量子物理学问题,利用量子机器学习来解决量子物理问题是量子机器学习研究的终极目标,但现阶段在这方面的研究还非常之少,甚至可以说人们暂时还不明确究竟怎样开始全量子机器学习方面的研究。未来量子机器学习除了用于指导求解特殊问题之外,更应完善其理论支撑。

二、量子科技领域全球发展态势

（一）量子科技领域成为各国抢占的战略制高点,纷纷出台高额项目资助计划

量子科技领域已成为世界各国抢占经济、军事、安全、科研等领域全方位优势的战略制高点。表 1 展示了近 5 年各国推出的量子科技领域战略规划,量子信息与通信、量子测量等技术领域的发展和量子计算机的开发优化是各国规划焦点。各国对量子科技领域的投资呈指数级增长,如美国陆军研究办公室与安全局联合资助捕获离子量子计算系统研究（2019年）、英国工程与自然科学研究理事会（EPSRC）投资 9400 万英镑推动量子技术的研究与应用（2019 年）、德国 20 亿欧元的量子计划（2020 年）等,施以高额项目投入是各国推动量子科技领域研究的基本思路。我国在2017、2018 年分别设立"准二维体系中的高温超导态和拓扑超导态的探索""微结构材料中声子的调控及其在超导量子芯片中的应用"等重大项目[①],对量子科技领域的可能应用进行初步探索。

---

① 姜向伟,倪培根,董国轩,等.凝聚态物理学科发展态势与发展思路——基于国家自然科学基金资助情况（2011—2021）和物理学发展规划的分析与探讨[J].中国科学:物理学 力学 天文学,2023,53:257001.

表 1　各国量子科技领域战略部署

国家	战略规划名称（年份）	重点内容
中国	《"十三五"国家科技创新规划》（2016）	将量子计算列入面向 2030 年的科技创新重大项目，重点研制通用量子计算原型机和实用化量子模拟机
	《国家自然科学基金"十三五"发展规划》（2016）	优先发展量子信息技术的物理基础与新型量子器件
美国	《推进量子信息科学发展：美国的挑战与机遇》（2016）	继续探索用于实现优化、机器学习、材料开发和化学计算的通用量子算法
	《量子信息科学国家战略概述》（2018）《国家量子计划法案》（2018）	提出三大目标：用量子技术开发新一代传感器、制造量子计算机、建立全球量子通信系统
	《未来工业发展规划》（2019）	将量子信息科学视为美国未来科技和产业发展的四大"基础设施"
	《美国量子网络战略构想》（2020）	将开辟量子互联网，确保量子信息科学惠及大众
英国	《国家量子技术战略》（2015）《量子技术路线图》（2015）	提出未来 30 年量子技术研发和商业应用的重点领域和前景
德国	《量子技术：从基础到市场》（2018）	在 2018—2022 年内投入 6.5 亿欧元，重点开展量子卫星、量子计算、量子测量等技术研究
俄罗斯	《国家量子行动计划》（2019）	5 年内投资约 7.9 亿美元，打造一台实用的量子计算机
日本	《关于量子科学技术的最新推动方向》（2017）	未来在量子科技领域应重点发展量子信息处理和通信、量子测量、传感器和影像技术、最尖端光电和激光技术
	《量子飞跃旗舰计划》（2018）	通过光量子科学技术等研究解决国家重要经济和社会问题，主要包括量子信息处理、量子测量和传感、下一代激光技术三大技术领域

续表

国家	战略规划名称(年份)	重点内容
欧盟	《量子科技旗舰项目计划》(2016)	10 年内投资约 10 亿欧元,从基础研究到工业化,将研究人员和量子技术产业结合在一起

(二)量子科技领域前沿研究备受全球各国关注,中国发文质量与国际合作存在进步空间

2010—2019 年主要国家/地区在量子科技研究领域的基础研究实力比较(见图 2)表明,美国量子科技领域的发文量 1984 篇(占领域论文总量的 36.18%),居世界首位;中国发文量 1129 篇(20.59%)排名世界第二;瑞士与法国被引次数排名前 10%的论文百分比均高于 55%;西班牙的国际合作论文百分比相对较高,超过 80%。近 10 年中国相关论文发表规模虽占据全球第二位,但在被引次数排名前 10%的论文百分比、国际合作论文百分比以及学科规范化的引文影响力等指标上,均位于发文规模前十位国家/地区的末位,引文影响力不高,国际合作强度较低,且和其他国家/地区相比存在明显差距,未来在量子科技领域的前沿研究仍有较大进步空间。

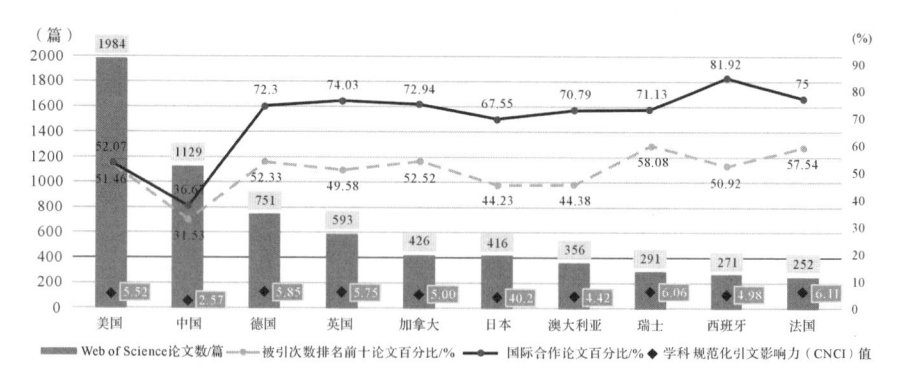

图 2　全球在量子科技领域发文规模前 10 位国家/地区论文发表情况①

①　学科规范化的引文影响力(CNCI,Category Normalized Citation Impact)通过其实际被引次数除以同文献类型、同出版年、同学科领域论文的平均被引次数获得。

（三）量子科技领域产学研协同格局正逐步形成，跨国产学研协同形成新合作发展模式

产学研协同解决量子技术的发展障碍和实现量子计算机商用成为未来发展趋势。美国总体上已形成"科技巨头＋研究机构＋初创企业"的量子科技研究与应用发展模式：谷歌、IBM、英特尔、微软等科技巨头利用其独有的垂直整合能力，以高额利润贴补研发开支；大学、科研机构进行基础理论研究与前沿探索，与科技巨头合作或直接推动创业转化；而 Rigetti Computing、IonQ 等初创企业以其掌握的部分环节核心技术进行组分领域或特色产品研发。德国弗劳恩霍夫协会和美国 IBM 联合研发量子计算机（2018 年），法国与澳大利亚联合成立硅量子计算合资公司（2018 年），日本与 IBM 成立量子创新计划联盟（2019 年），跨国产学研协同逐渐成为新的合作发展模式。我国科技企业中，阿里与中国科学技术大学联合发布量子计算云平台并推出量子模拟器"太章"（2018 年），百度成立量子计算研究所（2018 年），华为发布 HiQ 量子云平台（2018 年）并推出昆仑量子计算模拟一体原型机（2019 年），在量子科技研发上取得积极进展，但整体上在样机研制、应用推动及生态建设方面，仍与世界先进水平存在较大差距。

三、加快发展量子科技领域的政策建议

（一）前瞻布局跨学科交叉融合，打造政产学研协同生态

一是加快战略布局，强化多主体协同创新。建议加强前沿科技领域的跨学科研究布局，加大对关键核心领域的研发支持，完善产学研协同创新机制，出台鼓励政策，推动企业加大研发投入。前瞻布局在人工智能（人工神经网络）与量子计算相结合方向的学科建设，培养一批本土的高端技术人才队伍，并着力聚集全球顶尖专家。加强量子技术研发的基础设施建设，落地筹划建设量子信息国家实验室，探索多所大学合作、校企合作建立

量子技术研究中心。积极支持科研人员与相关企业通过长期战略合作方式深化合作,成立人工神经网络与量子计算联盟,协同攻关量子科技领域关键共性技术。

二是多方推动技术标准与监管体系建立。标准是未来技术发展的推动者,帮助新兴市场在供应链各环节得到国际认可。中国目前在量子通信方面的技术非常领先,但量子通信商业化仍处于起步阶段。建议在量子技术商业化应用的早期阶段,国家政府、地方政府、用户部门、大学及科研机构、行业企业协会、各类基金会等各方利益相关者广泛接触,吸取多方建议,形成新兴市场的规则审查制度、专利保护制度。国家层次的监管部门应主动牵头创新企业建立量子通信、量子计算、量子精密测量领域合理的技术标准、准入标准与监管制度,保障量子技术商业化的可行性。

(二)推动关键技术阶段性突破,满足量子技术应用需求

一是推动"类脑"关键技术实现实质性突破。下一代"类脑"计算技术有可能在量子神经网络基础上开发出效率更高的超越经典冯·诺依曼(John von Neumann)结构的神经形态量子机器学习硬件,利用量子并行性对现实问题的数据进行分批处理和学习,从而超越现有机器学习技术并取得量子优越性。因而可以期望"类脑"关键技术在如下方面实现实质性进展:并行性;存储与计算一体化;模拟计算;实时调整的可塑性;概率性计算(非精确的、然而只需少量信息的快速运算);可拓展性(计算网络的层次可标度化);稀疏模式计算(对每次运算只需调动神经网络中少数节点或特定拓扑结构);学习计算(应对新信息而不断调整类突触的权重、开发新的训练算法)。

二是进一步探索量子计算机工程化与实用化。量子计算包含量子处理器、量子编码、量子算法、量子软件以及外围保障和上层应用等多个环节。为充分利用每种技术的优势,未来的量子计算机也可能是多种路线并存的混合体系。依据量子计算机工程化的路线图,最终的大规模通用量子

计算机应该是可容错的量子计算机。从保持每个量子比特相干性的角度看,未来一方面应探寻进一步大幅提高物理比特(如单个超导量子比特)相干性的有效方法,另一方面要设计更优的、所需物理比特较少的可容错可纠错的逻辑量子比特。鼓励量子计算产业加紧在量子计算器件、高性能计算芯片、高端服务器、存储、网络设备、系统软件等领域进行核心技术攻关;同时鼓励在达到一定标准后积极稳妥地与创新企业相关研发部门进行技术转接,从而将量子计算机的实验室技术进行工程化乃至市场化。

(三)加强量子科技跨学科教育,科教产融合推动学科生长

一是以课程设计和学位设置为切入点推动量子科技教育发展。量子科技教育应以培养大批同时具备计算机工程和量子物理背景的跨学科人才为首要着力点,因为关键性的技术和科学突破需要规模足够、教育匹配的人才库来支撑。建议在国家层面上协调生物、计算机、信息、数学、物理等学科,邀请新一代量子工程师,以及物理学、工程学、光子学、电子学或计算机科学专家,从多学科的理论和基于系统的方法出发,加强相应基础课程的更新,制定面向量子计算机科学工程和神经形态计算工程的跨学科的本科和研究生一体化培养方案;高校内部要协同重大科技创新平台(如国家重点实验室、工程技术研究中心)联合开发博士学位计划,设立专业博士学位授予点,培育一批高精尖青年人才;面向产业界,为一定数量的技术人员提供在职培训,帮助产业人员熟悉创业和商业技能,适应新兴行业工作。

二是对量子技术"超级项目"进行系统布局。一个长期的系统性的量子技术应用项目,将是一个跨学科、多领域的超级项目。它涉及从物理机理的基础研究、各种事件驱动的传感器与信号处理器的研制到神经网络算法的开发。建议系统布局"超级项目",为跨学科人才的培养提供就业出口;结合"类脑"计算与量子计算等新兴计算,在为现有"算力"问题提供解决方案的同时,不断衍生出新的学科方向,为跨学科人才不断提供新的研究与发展机遇,从而在未来形成产研一体的,既有基础研究又有应用研发,

同时又能满足创新企业进行技术承接和工程化需求的学科生长模式。在这个布局中,国家、高校、企业应各司其职,承担相应工作和资金投入;既有计划下的自由探索,又依靠市场选择确定未来发展方向。

第4篇 推进高水平量子信息实体布局[①]

报告核心内容

2023年8月22日,工业和信息化部等四部门印发《新产业标准化领航工程实施方案(2023—2035年)》,确定量子信息为未来九大产业之一。同月,美总统正式签署行政命令,限制美主体投资我量子信息领域,标志着美对我量子信息全领域打压、遏制我未来产业发展正式拉开序幕。量子信息科技在新一轮科技革命和产业变革中角色突出、意义重大,应统筹我国已有量子信息战略科技力量,加强顶层规划和研发实体协同,加大人才培养和国际合作,着力将量子产业打造成未来产业的新长板。

当前,量子信息技术的发展正从单纯的科研创新阶段进入体系化建设和创新转化阶段。面对百年未有之大变局,原有的创新环境和产业环境正在发生深刻变化。我们不仅需要加快畅通从科研成果到应用服务落地的全产业链条,还要加快构建和完善用以保障产业链条正常运转的人才、工

---

① 本文于2023年8月份撰写报送,编入本书过程中做了适当调整。撰写人:李泓(中国电子信息产业发展研究院集成电路研究所产品与系统研究室工程师)、解楠(中国电子信息产业发展研究院集成电路研究所产品与系统研究室副主任、高级工程师)。

程技术支撑、服务等体系建设。2023 年 8 月,工信部《新产业标准化领航工程实施方案(2023—2035 年)》确定量子信息作为未来九大产业之一。2023 年 12 月,国家发改委发布《产业结构调整指导目录(2024 年本)》,在信息产业类别中的"计算机及相关设备"领域增加了"量子、类脑等新机理计算机系统的研究与制造";在"通信设备"领域,增加了"量子通信设备"等。2024 年,工信部将出台量子未来产业发展计划,着力突破关键技术、培育重点产品、拓展场景应用。在加快谋划布局量子未来产业的政策背景下,掌握我国已有量子信息科技战略布局情况,以及当前产业发展的痛点难点,对推动量子未来产业高质量发展具有重要意义。

一、现阶段我国量子科技战略布局情况

(一)高度重视量子信息顶层设计和政策支持

我国在量子信息领域起步较晚,但"十三五"以来政策支持力度不断增强,"十四五"规划明确将量子信息作为国家科技发展的战略前沿领域。近年来,国家层面前瞻谋划布局未来产业,聚焦量子信息领域组建国家实验室、实施重大科技专项和研究计划。2016 年,量子通信和量子计算机被纳入量子调控与量子信息国家科技重大专项;国家自然科学基金委分别于2021 年和 2023 年发布两期"第二代量子体系的构筑和操控重大研究计划",推动量子信息与其他学科交叉融合。2023 年,科技部部署科技创新2030—"量子通信与量子计算机"重大专项。

地方层面结合自身优势也相继发布相关政策,着力加大资源投入力度。依赖于当地高校科研优势和地方政府有力支持,目前京津冀、长三角、大湾区、成渝地区均有量子信息科技企业,其中合肥、北京、深圳集聚程度较高。安徽省 2017 年专设 100 亿元"量子科学产业发展基金"支持科技成果转化,并于 2022 年投入 20.2 亿元新设"实施量子信息领域省科技重大

专项",开展量子领域理论研究和前沿攻关。①

（二）已组建一批量子信息领域战略科技力量

经过多年布局,我国已初步形成包含高校、国家级实验室、科研院所的约23家研发实体和约80家企业组成的产业创新联合体,成为布局量子信息的重要战略科技力量。国家实验室、高校、新型研发机构注重建立综合性研发平台,统筹多专业科研力量,培育跨学科复合型人才,构建从理论、材料、器件到设备的全链条研发组合模式。中国科学院整合优化全国量子主要研究力量,部署共性技术支撑平台,促进科技成果转移转化,为我国在第二次量子革命中赢得战略主动奠定了坚实基础。中国计量科学研究院、军事科学院、中国工程院,促进量子科技多领域联动发展。产业联盟促进量子产业上下游生产制造、生态应用、科普教育协同发展。

（三）量子信息路径型实用型基础型技术基本覆盖

国内基础研究对量子计算、量子通信和量子传感等主要技术路径实现全部覆盖,量子通信和量子计算已具备打造成为科技长板的潜力。在实用型基础方面,我国已在实用化量子密码技术、空间对地量子通信技术、基于超冷原子的量子模拟、基于光量子纠缠提升量子测量精度、基于超导和光量子比特的量子计算等方向取得了重大进展。特别是"墨子号"和"济南一号"量子卫星发射举世瞩目,构建了实用化天地一体化量子保密通信网络;"祖冲之号"量子计算云平台2023年正式上线并面向全球用户开放,进一步推动量子计算软硬件发展及生态建设。在基础研究方面,我国已打破量子密钥分发传输距离世界纪录,2023年开始对量子精密测量新理论、新方法,量子计算的物理实现与软件以及新型量子计算体系等进行基础研究重点布局,以达到量子科技领域更为全面的覆盖。

---

①　宋姗姗,钟永恒,刘佳,等.量子信息领域的国家战略布局与研发态势分析[J].世界科技研究与发展(网络首发),1-16.

二、亟待进一步解决的突出问题

(一)统筹协调机制亟待完善

量子科技作为国家未来产业布局的战略前沿,需要从国家层面成立专门机构进行统一领导和协调推进,以平衡各地区差异化布局、促进国防应用与科学研究协同、形成项目支持及额度界定。当前,国内仍缺乏相关机构进行统筹协调,跨部门、跨行业、跨学科合作推进迟缓,难以形成对国家资源、社会资源、行业资源的引导与高效利用。未来量子技术将逐步成熟,美已开始通过出口管制、限制投资、国际禁运等制裁手段,对我国量子供应链实施针对性打压,意图遏制我国量子研发创新能力,并对量子通信、量子计算等我优势领域发起强烈冲击。目前合肥微尺度物质科学国家研究中心、北京邮电大学等单位已被美列入实体清单,亟待从国家层面做好应对预案。

(二)科研资源力量亟待整合

量子信息正处于从科学研究到技术转化的初期,基础研究仍是当前技术发展的重心,科研机构间的合作交流和资源共享机制是保障技术进步和转化的前提。在协同攻关方面,国内量子科教资源比较分散,不同研究机构之间存在信息壁垒,特别是对量子计算机、量子保密网络等系统工程的攻关缺乏合力。在研发队伍建设方面,高校专业设置较为单一,人才引进、聚集和培养缺乏长效机制,多数国家研究中心仍在筹建过程中,新型研发机构数量有限,科技创新平台科学研究能力和成果转化能力不足。在量子精密测量技术应用方面,目前仍以军事、国防等领域为主,由于涉及敏感领域,企业参与度较低,缺乏对未来技术路径的整体研判和前瞻性、系统性研究。

（三）关键核心技术亟待协同攻关

从目前看,国内量子信息技术仍存在显著短板,特别是产业化进程相对较快的量子传感,关键芯片与核心部件的基础工艺能力不足,高精度量子重力仪和磁力仪习惯性进口。超导量子计算在硬件量子比特数目上与IBM和谷歌还有一定差距,软件方面基础和布局均有所欠缺,量子纠错研究进展缓慢,作为我国优势领域的高温超导材料实际应用程度有限。可兼容传统半导体行业,具备高扩展性的硅基量子计算路径处于研发的初始阶段,尚无突破性成果。

（四）产业联盟亟待发挥更大作用

我国量子信息领域相关产业联盟发展处于萌芽和探索阶段,与欧美国家相对完善和商业化运作的量子联盟相比,在内部合作和外部发展方面仍存在痛点和空白。从技术属性上看,国内联盟主要集中在量子通信和量子计算领域,对量子传感关注度有限。从参与主体看,国内联盟的成员单位类型较为单一,多为技术类企业,缺乏丰富的产业链配套机构,如:咨询公司、人才招聘平台、律师事务所等[1],同时跨领域商业主体参与较少也导致应用场景拓展受限,较难为研发主体提供有效市场供需信息。从合作模式看,由于量子技术复杂度高、产业化路径推进尚不明确,叠加创新链、人才链、资金链存在断点,导致联盟难以高效发挥整合行业资源的优势,目前国内尚无具有产业标杆意义的合作范式及创新成果。

三、相关建议

（一）加速国家级战略规划部署,强化多方力量协调推进

在国家层面成立针对量子信息的专门统筹协调议事机构,系统制定国

---

① 秦庆,汤书昆.国外典型量子产学研联盟案例研究及对中国的启示[J].世界科技研究与发展,2023,45(2):243-253.

家量子战略规划和阶段目标,科学研判急需攻克的关键核心技术和共性问题瓶颈。整合高校和科研院所科教资源,加快建设量子信息国家级、省级实验室和工程技术研究中心等创新平台。加大自然科学基金、科技重大专项、重点研发计划、战略性先导科技专项对量子信息研发的支持力度。鼓励科学家创业,推动拥有量子信息研发优势的大学衍生企业,支持新型研发机构孵化企业,支持有条件的地区建设量子信息技术产业园。

(二)构建主体泛化的量子联盟,打造量子科技创新生态

着眼量子信息与未来产业的深度融合,充分发挥企业在量子信息技术突破和产业化推进中的作用,积极搭建研发机构与潜在用户的合作平台。组建跨行业、跨学科、跨地区的量子利益相关者社区和实质性技术联盟,注重引入咨询类、法务类、财务类、猎头类等非技术类公司,通过共建云平台、开展产学联合研发项目、组织技术交流论坛与创新竞赛等方式,针对特定任务协同解决科学发现、科技发明向实际应用场景转化过程中的应用技术问题与商业问题。在创新成果生成、成果转移转化、知识产权保护、产业配套等方面进行工作机制建构,维护生态系统的可持续发展。

(三)加强风险研判与国际交流,促进良性竞争协作发展

加强前瞻谋划,重点关注稀释制冷机、低温恒温器、低温同轴电缆等低温设备及组件,滤波器、放大器等关键器件,超导量子干涉器件芯片、量子重力 MEMS 芯片等重要传感器芯片,超导中性原子等量子计算芯片,积极促进国内企业开展技术攻关和产品研发。加强对外开放和国际交流,在优势领域牵头标准和规则制订,与欧盟、金砖国家、共建"一带一路"国家合作,通过建立科学家联盟,建立包容互信、互利共赢的双边和多边合作机制,提升我国的"量子"国际地位与话语权。

(四)完善人才聚集和培养机制,加强量子产业人才储备

加强技术研发人才培养储备,优化领军人才的招引评价机制。在引才方面,在全球范围引进高水平学术带头人,加快汇聚基础研究人才队伍,支

持顶尖科学家领衔建设新型研发机构。在育才方面，鼓励相关高校加强学科体系建设，鼓励通过产学联盟培养人才，形成贯穿产学研用全链条、具有国际竞争力的量子人才梯队。在留才方面，出台人才创新创造、职称评定、人才使用管理等方面的实施细则或配套措施，并形成试错机制，加大对基础研究人员的薪资保障。

第5篇　加快浙江省量子科技创新发展[①]

报告核心内容

　　量子科技在超越技术标准、突破物理极限、更新发展赛道等方面表现抢眼,现已进入到深化发展、快速突破的历史新阶段。特别是量子微观调控等技术的进步,加快了由硬件到软件的技术更替速率、引发了多技术领域集成创新浪潮、推进了技术实用化、工程化进程,为我国成为未来技术引领者提供了历史机遇。作为一项重大颠覆性技术创新,量子科技对传统技术体系造成了冲击,形成了对经典技术理论的颠覆、对传统技术范式的迭代、对旧有技术赛道的变更。为此,本文建议夯实技术基础,以量子科技引领传统技术体系迈向价值链中高端;优化技术结构,以量子科技推动新旧技术融合互促;强化政策支持,以量子科技发展倒逼传统技术升级环境改善。

　　量子科技在提升运算处理速度、信息安全保障能力、测量精度和灵敏度等方面有潜力突破经典技术瓶颈,已成为信息通信技术演进和产业升级的关注焦点之一,在未来国家科技发展、新兴产业培育、国防和经济建设等

---

　　① 本报告于2021年1月份撰写报送,曾获浙江省政府领导批示,编入本书过程中做了适当调整。撰写人:湛凯(浙江省科技信息研究院副研究员)、潘婷婷(浙江省科技信息研究院助理研究员)等。

领域,将产生基础共性乃至颠覆性重大影响。[1] 加强量子科技创新,引领新一代信息技术变革,符合高质量、竞争力、现代化的发展要求,对于深化推进浙江省数字经济一号工程具有重要意义。

一、全球量子科技发展态势

(一)世界科技强国纷纷推动量子科技成为国家战略

量子科技领域的国际竞争日益激烈。近年来,欧美发达国家先后启动了国家级量子科技战略行动计划,不断加大研发投入,设立专项基金和组建研究中心,大力支持量子科技相关研发(见表1)。[2]

表1 世界主要国家量子科技相关政策举措

国家/地区	时间	相关政策举措
美国	2018 年 6 月	成立量子信息科学委员会,助推量子科技研发活动
	2018 年 9 月	发布《国家量子信息科学战略》,政府科研资金重新划分,开始向量子信息科学倾斜
	2018 年 12 月	发布《国家量子倡议法案》,提出在未来 5 年时间,计划投资 12.75 亿美元用于量子信息科技研究,包括成立国家量子信息科研中心、制定量子科技发展标准和建设科技人才队伍
	2020 年 2 月	发布《美国量子网络战略远景》,提出了建立国家量子互联网,并实现商用
	2020 年 8 月	美国能源部将在 5 年内投资 6.25 亿美元,在阿贡国家实验室等 5 个国家实验室布局建设 5 个量子信息科学研究中心
	2020 年 10 月	发布《关键与新兴技术国家战略》,明确了包括量子信息科学在内的 20 项关键与新兴技术清单

---

[1] 潘建伟.更好地推进我国量子科技发展[J].红旗文稿,2020(23):9-12.
[2] 董立勇,马少维.世界主要国家大力推进量子信息技术发展[J].军事文摘,2020(9):16-19.

续表

国家/ 地区	时间	相关政策举措
欧盟	2016 年 3 月	发布《量子宣言》
	2018.年 10 月	施行"欧洲量子技术旗舰计划",在 10 年时间里,投资 10 亿欧元推动量子科技发展
	2020 年 5 月	发布《战略研究议程(SRA)》报告,提出未来三年将推动建设欧洲范围的量子通信网络,完善和扩展现有数字基础设施,为未来"量子互联网"远景奠定基础
日本	2020 年 1 月	发布《量子技术创新战略(最终报告)》,将量子技术创新战略制定为一项新的国家战略,原则包括将量子技术与现有传统技术融为一体、综合推进;将量子技术创新战略与人工智能战略、生物技术战略相互融合,共同推进

　　我国对量子科技发展与应用高度重视。国务院发布《"十三五"国家科技创新规划》等文件,指导量子信息技术研究与应用。科技部和中科院通过自然科学基金、重点研发计划和战略先导专项等项目对量子信息科研给予支持。国家发改委牵头实施量子保密通信"京沪干线"技术验证与应用示范项目,国家广域量子保密通信骨干网络建设一期工程等试点应用项目和网络建设。工信部开展量子保密通信应用评估与产业研究,大力支持和引导量子信息技术国际与国内标准化研究。[①]

　　在量子通信领域,我国已处于国际领先地位,相关 SCI 论文发表量和专利申请量均排名第一。我国发射了世界上第一颗量子科学实验卫星"墨子号",并开通了世界首条量子保密通信干线"京沪干线"。在量子计算领域,我国整体上与发达国家处于同一水平线,相关 SCI 论文发表量和专利申请量均位于美国之后排名第二。在国际上首次实现了 20 光子输入 60×60 模式干涉线路的玻色取样量子计算,逼近实现量子计算研究的重要

---

　　① 郭光灿.量子信息技术研究现状与未来[J].中国科学:信息科学,2020(9):1395-1406.

目标"量子霸权"。在量子测量领域,我国整体上与发达国家还存在一定的差距,相关 SCI 论文发表量落后于美国和日本,排名第三,专利申请量落后于日本,排名第二。但相关成果和原理样机的关键指标参数与国际先进水平的差距正在逐步缩小。[①][②]

（二）领军企业和高校院所纷纷布局量子科技领域

中国科学院、美国国家标准与技术研究院、德国马克斯·普朗克学会、法国国家科学研究中心等国家级院所及中国科学技术大学、加州大学、麻省理工学院、牛津大学、滑铁卢大学等世界知名高校走在量子科技基础研究的前沿。科大国盾、如般量子、合肥本源量子、美国 IBM、英特尔、微软、谷歌、日本东芝、加拿大 D-WAVE 等领军企业则是量子科技技术研发的活跃力量（见表 2）。

表 2　量子科技领域前 20 位专利申请机构和论文发表机构

排名	量子通信		量子计算		量子测量	
	前 20 位专利申请机构	前 20 位论文发表机构	前 20 位专利申请机构	前 20 位论文发表机构	前 20 位专利申请机构	前 20 位论文发表机构
1	科大国盾量子	中国科学院	美国 IBM	中国科学院	日本日立	中国科学院
2	国家电网	中国科学技术大学	加拿大 D-WAVE 公司	美国加州大学	中科院上海微系统所	意大利国家核物理研究所
3	北京邮电大学	北京邮电大学	美国英特尔	美国能源部	日本岛津	法国国家科学研究中心
4	如般量子	德国马克斯·普朗克学会	如般量子	法国国家科学研究中心	日本精工	中国科学技术大学

---

① 张倩,李文宇.全球量子信息技术创新发展研究[J].信息通信技术与政策,2020(12):81-85.
② 中国信息通信研究院.量子信息技术发展与应用研究报告(2020 年)[R].2020-12-15.

排名	量子通信		量子计算		量子测量	
	前 20 位专利申请机构	前 20 位论文发表机构	前 20 位专利申请机构	前 20 位论文发表机构	前 20 位专利申请机构	前 20 位论文发表机构
5	日本东芝	法国国家科学研究中心	美国微软	英国牛津大学	日本 CHODENDO SENSOR 公司	德国马克斯·普朗克学会
6	中电科集团电科院	加拿大滑铁卢大学	美国谷歌	美国麻省理工学院	日本富士通	俄罗斯科学院
7	日本电气	新加坡国立大学	美国诺思罗普·格鲁曼	中国科学技术大学	德国于利希研究中心	美国加州大学
8	安徽问天量子	清华大学	日本东芝	美国马里兰大学	日本大金	意大利国家研究委员会
9	华南师范大学	俄罗斯科学院	合肥本源量子	加拿大滑铁卢大学	日本住友电工	英国牛津大学
10	浙江神州量子网络	瑞士日内瓦大学	日本电报电话	德国马克斯·普朗克学会	德国西门子	俄罗斯莫斯科大学
11	美国 MAGIQ TECH 公司	美国国家标准与技术研究院	美国 Rigetti 公司	意大利国家研究委员会	日本东芝	澳大利亚昆士兰大学
12	浙江九州量子信息	上海交通大学	国家电网	俄罗斯科学院	日本金泽大学	美国麻省理工学院
13	山东量子科学院	美国麻省理工学院	日本日立	清华大学	日本三菱	新加坡国立大学
14	华为	日本电报电话	日本科学技术振兴机构	新加坡国立大学	韩国标准科学研究院	美国加州理工学院
15	中国科学技术大学	意大利国家研究委员会	美国 MathWorks 公司	美国加州理工学院	日本产业技术综合研究所	美国国家标准与技术研究院

续表

排名	量子通信		量子计算		量子测量	
	前20位专利申请机构	前20位论文发表机构	前20位专利申请机构	前20位论文发表机构	前20位专利申请机构	前20位论文发表机构
16	中南大学	日本科学振兴机构	中国科学技术大学	美国国家标准与技术研究院	美国IBM	美国能源部
17	成都信息工程大学	英国剑桥大学	日本电气股份	美国哈佛大学	日本电气	英国帝国理工学院
18	日本电报电话	美国加州理工学院	美国麻省理工学院	美国加州大学伯克利分校	日本住友重工	山西大学
19	美国惠普	美国能源部	美国IonQ公司	日本东京大学	日本科学技术振兴机构	法国索邦大学
20	江苏亨通问天量子	日本东京大学	北京邮电大学	美国IBM	韩国LG	加拿大圆周理论物理研究所

日本东芝在2021年启动量子密码通信系统业务。IBM和谷歌均发布了量子计算路线图,目标是实现百万量子比特处理器。华为对外发布了HIQ3.0量子计算平台。百度发布国内首个云原生量子计算平台。合肥本源量子自主研发的超导量子计算云平台悟源正式上线。

(三)基础研究与技术研发热点纷呈

从2016—2020年SCI论文主题分析结果来看,量子科技基础研究热点主要有量子基础理论(量子纠缠、量子退相干、量子态、量子信息、动力学)、量子通信(量子加密、量子密钥分发、量子隐形传态、后量子密码)、量子计算(量子比特、算法、量子计算机)、量子测量(单光子探测、量子相干性检测、量子纠缠探测)。

根据专利地形图,2016—2020年量子科技技术研发热点主要有量子通信(量子密钥分发、加密、解密、中继、私钥、公钥、身份验证、相位调制、光信号、光脉冲)、量子计算(量子比特、量子计算机、量子电路、量子算法、量

子处理器、量子计算程序、约瑟夫森结)、量子测量(超导量子干涉仪等)、量子网络(神经元、训练)等。

二、浙江省量子科技发展的现有基础和差距不足

(一)现有基础

浙江省近年来深入实施数字经济"一号工程",重视并推动量子科技相关技术的研发及产业化,具有良好的发展基础。

一是在重大平台方面,浙江省拥有之江实验室、湖畔实验室、量子技术与器件省重点实验室(依托浙江大学)、量子精密测量省重点实验室(依托浙江工业大学)、浙江大学杭州国际科创中心量子计算创新工坊、杭州极弱磁场重大科技基础设施研究院、中国科学院大学杭州高等研究院等高层次研究机构。浙江大学、中国科学院大学杭州高等研究院、西湖大学均已承担量子信息科学国家实验室若干重要任务。之江实验室莫干山基地科学工程拟建设宏观量子叠加态与量子退相干研究验证装置。

二是在优势企业方面,阿里巴巴达摩院从事量子计算相关研究,在单比特与双比特量子门上可达到非常高的保真度。国网浙江电力与浙江国盾量子合作,推进量子加密技术在电网信息传输方面的试点验证。杭州舜时科技的"夸密"量子加 Ukey 已经进入工信部车联网安全信任试点。浙江神州量子承建量子保密通信商用干线"沪杭干线"。九州量子的量子密钥云产品已为一些应用场景提供数据安全加密服务。赋同量子科技(浙江)有限公司研发的高性能超导单光子探测系统国内市场占有率逾七成。杭州微伽量子科技有限公司在量子重力仪的研发与应用方面具有优势。

三是在人才团队方面,已有杜江峰、朱诗尧、房建成、王建宇等院士,林强、王浩华、尤立星等国家级人才,在量子测量、超导量子计算与量子软件系统等方面有很强的科研能力和丰富的科研成果积淀。

四是在重大项目方面,浙江工业大学牵头承担了国家量子重力测量攻关项目;浙江省杭州极弱磁场重大科技基础设施研究院承担了量子通信与量子计算机国家重大专项子课题,赋同量子科技(浙江)有限公司参与承担科技创新2030—"量子通信与量子计算机"重大项目课题。浙江省已经部署量子计算机操作系统与云平台、量子安全通信和数据透明加密技术研究及应用等"尖兵"研发攻关计划。

五是在标志性成果方面,浙江大学发布了天目一号,实现了36量子比特、100微秒退相干时间、99％精度的量子芯片,研制的太元量子云平台是世界上第一台量子云集群平台。浙江工业大学等单位自主研发的量子重力仪技术指标达到国际先进水平,获得2020年度省技术发明一等奖。赋同量子科技(浙江)有限公司研发的高性能超导单光子探测系统性能指标国际先进,作为共同完成单位获得2018年度中国光学工程学会技术发明奖一等奖,并参与制定发布了该领域首个国际标准IEC 61788-22-3。

(二)差距不足

一是基础研究亟待加强。在量子通信领域,浙江省专利申请量排名第三,但SCI论文发表量排名第十,落后于北京、安徽、上海、江苏等省市。在量子计算领域,浙江省专利申请量排名第二,但SCI论文发表量排名第八,落后于北京、安徽、上海、广东等省市。在量子测量领域,浙江省专利申请量排名第六,SCI论文发表量排名第四,落后于北京、安徽、上海等省市。发表于 *Nature* 和 *Science* 两大顶级期刊的量子科技相关论文数量也远落后于安徽、北京、上海等省市。

二是技术水平有待提升。浙江省的超导量子芯片技术处于国内领先地位,但距离"大规模、低噪声、高稳定"的目标仍存在一定差距,主要包括物理工艺设备与外围硬件落后、噪声串扰相关理论不够完善、缺乏系统的自动化工具。浙江省量子通信领域相关技术较为薄弱,在量子加密网络、量子密钥分发等关键使能技术上差距较大,需加大投入。在量子计算软件

系统、量子云平台方面,浙江省技术处于国内一流地位。为了达到"系统集成、高效开发、高效执行"目标,需要加大在量子软件工程方面的投入,研制完备的量子软件栈,以在未来的量子霸权争夺中抢得先机。在量子应用方面,浙江省虽然有个别研究人员和研究机构开展了量子算法的研究,但总体上量子应用研究的范围和深度都有待提升。

三是平台建设仍需加强。相比安徽省依托中国科学技术大学建有量子信息科学国家实验室,北京市依托清华大学建有低维量子物理国家重点实验室,山西省依托山西大学建有量子光学与光量子器件国家重点实验室,浙江省在量子科技领域尚无国家级科创平台布局。同时,浙江省量子信息相关应用平台较少,相比于北京、安徽等地存在较大差距,亟待建立超导量子软硬件一体平台、量子网络通信平台、量子计算云服务平台,孵化代表性量子产业企业。

四是高水平科创主体相对缺乏。浙江省缺乏代表性量子信息科技企业,与安徽(国盾量子、国仪量子等)等地还有较大差距。量子科技相关院士主要分布在北京和安徽。2016—2020 年国家杰青和优青,浙江仅有浙江大学王浩华 1 人入选,而北京、安徽、上海、江苏分别有 16 人、11 人、5人、4 人入选。在 SCI 论文前 50 位作者中,浙江无人入围,而安徽和北京分别高达 19 人和 16 人,上海和江苏均有 4 人入选。

五是产业应用存在滞后。量子信息技术已被证明可以在多个跨领域产业应用,例如新一代互联网、生物制药、金融产业、大数据分析、地球科学、气象预测等,然而目前由于量子物理载体的局限性,可发挥量子优势的产业落地应用较少。美国总体上已形成"科技巨头＋研究机构＋初创企业"的量子科技研究与应用发展模式。谷歌、IBM、英特尔、微软等科技巨头拥有其独有的垂直整合能力;此外,大学、科研机构进行基础理论研究与前沿探索,与企业巨头合作或直接推动创业转化;而 Rigetti、IonQ 等初创企业以其掌握的部分环节核心技术进行组分领域或特色产品研发。与此

相比,浙江省量子科技领域产学研合作强度不够,企业参与较少,尚未形成协同发展模式,多元应用场景有待开发。如量子计算机的样机研制、应用推动及创新生态建设方面仍落后于世界先进水平,距离商业化也有很大差距;应用面较广的量子传感与量子测量应用场景亟待开发,实用性产品开发较少,产业发展尚不具规模,与欧美国家差距较大。

三、加快浙江省量子科技发展的对策建议

围绕新一代信息技术万亿级世界级先进产业群,聚焦量子信息等高成长性百亿级"新星"产业群,加强顶层设计、高层次人才引进、高能级科创平台建设和国内外精准合作,重点推进量子芯片、量子软件、量子算法、量子通信、量子测量等前沿技术创新和产业化,力争在量子科技领域打造国内领先和国际竞争优势。

(一)加强顶层设计,尽快出台专项规划

下好先手棋,尽快出台量子科技专项规划。根据不同细分领域发展态势和浙江发展基础,从基础研究、技术攻关、示范应用、科技服务等维度分类分层开展战略谋划和系统布局,尽早推动建立技术标准与监管体系。统筹省财政预算内资金、科技专项经费等多项资金,设立量子科技发展专项资金,同时引导风险投资、天使投资、创投基金等社会资本投入。以提升源头创新能力为目标,在省自然科学基金中设立量子信息专项,开展量子精密测量、量子计算、量子加密等新原理、新方法和新技术研究。在商业化应用早期阶段,政产学研用以及行业协会、各类基金会等协作形成新兴市场的规则审查制度、专利保护制度,同时面向重点领域成立标准推进联盟,协同推进产业生态构建与标准制定。以抢占前沿制高点为目标,在省重点研发计划中设立量子科技专项,瞄准提升量子密钥分发性能指标、工程化和实用化水平、突破量子计算机原理样机和专用处理器研制、推动进量子测

量技术不断升级演进等方向开展攻关。推动量子计算基础设施建设。在建设"沪杭干线"和各地市城域量子通信网络基础上,结合浙江需求,优先在党政、司法、国防、金融、电力、工业互联网、车联网等领域推进量子通信技术应用。以满足量子科技创新需求和促进产业孵化为导向,重点在金融服务平台、量子信息标准认证测评机构、知识产权公共服务平台、量子信息科技培训基地和技术双创平台等载体建设方面取得突破,建立健全科技服务体系,推进专业化服务。

(二)加强高层次人才引进,提升基础研究水平

大力实施"鲲鹏行动",重点面向哈佛大学、耶鲁大学、奥地利科学院、日内瓦大学、滑铁卢大学、马克斯·普朗克学会、中国科学院等高校院所和美国 IBM、英特尔、日本东芝、加拿大 D-WAVE、科大国盾等领军企业,大力引进量子科技领域海内外高层次人才、领军型团队和人才。支持高校院所设立开放基金,聚集量子科技基础理论、量子通信、量子计算、量子测量等重点方向,吸引延揽全球青年科研人才,培育研究储备力量。加强部省协调,争取之江实验室量子精密测量大科学装置获得批复,争取更多大科学装置落户浙江,增强对国内外一流人才团队的吸引力。

(三)聚焦优势领域,打造高能级科创平台

支持量子技术与器件、量子精密测量 2 家省重点实验室争创全国重点实验室,引导之江实验室加大研发力度,围绕量子基础理论等重大科学前沿问题和量子算法、量子计算机、单光子探测、量子相干性检测、量子纠缠探测等关键共性技术,高水平开展基础研究和应用基础研究,提升原始创新能力。建立大规模超导量子测控平台,支持自动化芯片校准与操控。建立超导量子计算平台,打通量子芯片、指令集、操作系统、编译器、语言等关键技术的链路。建立星地量子通信网络平台,支持量子隐态传输、量子信道加密等关键技术。建立开放量子计算云服务平台,并支持领域交叉的量子应用部署。构建浙江量子信息技术科技创新联盟和开源社区。

（四）推动国内外精准合作，加快量子科技成果产业化

鼓励省内龙头企业、高校、科研院所加强与美国、加拿大、日本、德国、奥地利、瑞士等区域量子科技创新领军机构和人才的合作，创建一批新型研发机构，打造一批精准合作重点园区和基地。支持建设企业研发总部，集聚全球量子科技优势研发资源。引导企业、科研机构通过在海外设立研发机构、并购海外量子科技企业和研发机构、建设海外孵化器、国际联合实验室等方式，融入全球创新网络。充分利用长三角科创共同体建设契机，加强与中国科学技术大学量子科技领军人才和项目的紧密合作，吸引更多先进成果来浙江落地转化。在量子通信方面研究"无线公网＋量子加密"在新型电力系统中的应用，研究量子通信与信息安全技术深度融合并结合"沪杭干线"与量子微纳卫星，开展应用示范。在车联网上开展基于量子随机数芯片的量子加密安全通信应用，进入车联网安全信任国家标准，促进量子加密万物互联。在量子探测应用方面，开展超导单光子探测器在远距离、高速量子密钥分发、光量子计算以及红外光谱等领域应用验证。

第6篇　量子传感技术助力国防军事发展[①]

报告核心内容

　　量子传感技术基于量子叠加和量子纠缠等量子力学核心原理，通过提高测量精确性和灵敏度、远距离监测状态的即时变化等手段，在提升态势感知、增强军事情报收集和环境监测等方面展现出巨大潜力，正逐渐成为现代国防和军事信息技术的核心组成部分。本报告旨在深入探讨量子传感技术领域全球发展情况，通过文献计量分析评估我国量子传感技术发展现状与所处位置，并提供对量子传感技术在未来国防和军事应用中的潜力和挑战的深刻理解。报告认为，量子传感技术在未来国防军事方面将扮演重要角色，然而我国对其研究、布局和投入仍较少。为此，本报告建议：一是加快布局量子传感前沿技术顶层设计，建立国防技术屏障；二是统筹创新资源，推动技术迅速迭代创新与应用落地；三是优化支撑条件，夯实我国量子传感行业发展基础。

　　①　本报告于 2023 年 5 月份撰写报送，受到有关部门重视，编入本书过程中做了适当调整。撰写人：吴伟（浙江大学中国科教战略研究院副研究员）、朱相丽（中国科学院文献情报中心副研究员）、冯家浩（浙江大学公共管理学院博士生）、赵月嘉（浙江大学公共管理学院博士生）等，同时还要感谢撰写过程中咨询过的多位科技界专家。

量子传感技术是量子技术中比较成熟和最有希望应用于军事领域的技术，其高灵敏度和精确度为军事操作提供前所未有的能力，从而改变了传统的战术和战略。在复杂的战场环境中，这些技术提供了更快速、更准确的信息处理能力（如遥感和远程监测），在提高态势感知、增强情报收集能力和环境监测精度方面潜力巨大。量子传感器是量子传感技术的核心应用，其实现方式包括超导电路、基于原子和离子的量子系统、NV金刚石以及光子学技术等。每种技术都有其独特的优势，如超导电路中的超导量子干涉器件（SQUID）是极其灵敏的磁强计，能够检测极微弱的磁场变化。[①] 而基于原子和离子的量子系统，则可以用于精确的时间测量和导航，如原子钟和量子加速度计。

一、全球量子传感技术发展现状

（一）各国加大投资力度，量子传感技术迅速发展

美国正加大对量子传感领域的投资，其技术与产业实力位居全球领先地位。美国量子信息技术产业主要集中在量子计算和量子传感领域，汇聚了众多资助机构和公司，特别是量子传感技术，已在芯片级原子钟、引力波观测等领域实现商业化。[②③] 欧盟和英国也在量子传感技术领域取得进展，其应用涵盖国防和科学探索。中国自2016年起，通过重点项目推动量子传感与测量技术发展，虽取得一定进展，但整体上尚未达到国际领先水平。日本则致力于发展量子传感器和量子成像技术，得益于政府和私营部

---

① 郑东宁. 超导量子干涉器件[J]. 物理学报，2021(1)：1-14.

② 美国国家科学和技术委员会（NSTC）量子信息科学小组委员会（SCQIS）. 将量子传感器付诸实践（Bringing Quantum Sensors to Fruition can be Found）[R]. 2022年3月.

③ 兰德公司（RAND Corporation）. 美国和中国量子技术工业基础评估（An Assessment of the U. S. and Chinese Industrial Bases in Quantum Technology）[R]. 2022年2月.

门的重大投资,成为该领域的重要参与者。① 总的来说,量子传感技术在全球范围内正迅速发展,已经开始在多个领域展现出实际应用价值,各国关注点和优势技术各有不同(见表 1)。

表 1　量子传感领域世界主要国家发展概况

地区	发展情况
美国	主要关注:芯片级原子钟、引力波观测等。在量子传感技术方面处于全球领先地位 主要研发机构:国家标准与技术研究所(NIST)、国家科学基金会(NSF)、能源部(DOE)、国防部(DOD)、航空航天局(NASA)、国土安全部、内政部、国家情报总监办公室、科罗拉多大学、芝加哥大学、斯坦福大学、加州大学欧文分校 领先企业:IBM、Google、Honeywell、Northrop Grumman、Lockheed Martin、Raytheon Technologies、Rigetti Computing、AOSense、Zyvex、BOSCH(2022 年 2 月宣布成立新的量子传感器业务部门) 重要研发计划:《国家量子倡议法案》《国家量子倡议再授权法案》、量子精密测量国家战略、量子传感器的国家战略计划 技术及产业成就:原子干涉重力仪、原子干涉重力梯度仪、量子导航系统、芯片级原子钟、引力波观测、冷原子传感器和原子级精密光刻技术
欧盟及英国	主要关注:国防和科学探索的量子传感应用,包括磁场测量和雷达探测、医疗、海洋水文和地质服务、量子气体成像、精密光谱学和时间测量、量子增强成像、量子重力传感器等 主要研发机构:欧洲量子通信中心、德国于利希研究中心、AQT(奥地利)和 PASQAL(法国)、汉堡大学、德国联邦物理技术研究院、欧洲核子研究中心、帕维亚大学、奥胡斯大学、英国国家量子计算中心(NQCC)、英国国家物理实验室(NPL)、伯明翰大学、格拉斯哥大学等 领先企业:Muquans、Diatope、SazonQ、Quantum Technologies、Nvision、Nemein 等 重要研发计划:欧盟量子技术 2030 年路线图、欧洲量子技术旗舰计划、英国《国家量子战略》 技术及产业成就:船载量子重力仪、量子气体成像、高电荷态离子的精确光学测量、新型石墨烯霍尔传感器、使用纠缠光子的雷达探测器、光泵磁力仪(OPM)、医学量子传感成像、量子增强成像、量子传感和计量中心、基于原子干涉测量的量子重力传感器、中频引力波量子探测器、"时间晶体"相互作用的观察

---

① 日本统合创新战略推进会议.量子技术创新战略(最终报告)[R].2020 年 1 月.

续表

地区	发展情况
中国	主要关注:量子精密测量,其中包括金刚石氮—空位色心量子传感器等先进技术的研究 主要研发机构:中国科学技术大学、华中科技大学、中国科学院、复旦大学、浙江大学、中科院上海技术物理研究所、微小卫星创新研究院等 领先企业:阿里巴巴、百度、腾讯、华为、国盾量子、本源量子等 重要研发计划:第二代量子体系的构筑和操控、"十四五"国家信息化规划、计量发展规划(2021—2035年)等 技术及产业成就:钙离子光频标技术、高灵敏度原子磁力计、金刚石量子模拟实验、多参数量子磁强计等。此外,中国成功研发了全球领先的原子重力仪和量子雷达
日本	主要关注:量子传感器和量子成像技术,致力于开发固态量子传感器和其他先进的量子传感技术 主要研发机构:产业技术综合研究所(AIST)、大阪大学、情报通信研究机构(NICT)、量子科学技术研究开发机构、物质材料研究机构(NIMS)、东京工业大学 领先企业:东芝、日立、三菱电机、日本电气公司(NEC)、NTT(日本电报电话公司)等 重要研发计划:"量子飞跃旗舰计划"(Q-LEAP),旨在推动量子传感器市场的小型化和低成本发展;量子传感器基地;量子安全基地;量子器件开发基地;量子材料基地 技术及产业成就:量子磁传感用金刚石单晶的制造、超导量子电路的集成化技术、超高灵敏度量子传感器

* 据公开资料整理

(二)我国量子传感技术科研产出数量已居领先地位,学术影响力与美国和德国还有一定差距

2013—2022年,我国量子传感技术相关 SCI 论文产出共计 2265 篇;

我国量子传感相关专利共 681 件,位居全球第一。① 在量子传感相关研究发文量方面,我国已成为全球发文第一大国,但发文影响力低于美国和德国。

　　从量子传感领域基础研究的层面看,美国论文数量仅低于中国,但是高被引论文数量领先于世界其他国家(见图 1、图 2)。欧盟的成员国中,德国、意大利和法国在论文总量和高被引论文总量上均位于世界前十位,德国的表现优于意大利和法国,论文量居世界第三,高被引论文量居世界第二。英国论文数量和高被引论文量世界排名第四位。日本论文量世界排名第六位,高被引论文量世界排名第八位。中国在论文数量上世界排名第一位,但是高被引论文量落后于美国和德国,世界排名第三位。

---

① 量子传感技术的 SCI 论文检索来源库为 Web of Science,检索式:Ts=("quantum sensing" or "quantum sensor＊" or "quantum metrology" or "atom interferometry" or "n00n state＊" or "atomic sensor＊" or "quantum gyroscope＊" or "quantum accelerometer＊" or "quantum ins" or "quantum imu" or "quantum magnetometer＊" or "quantum rf receiver＊" or "cold-atom interferometer＊" or "cold-atom gas interferometer＊" or "heisenberg limit＊" or "standard quantum limit＊" or "quantum inertial sens＊" or "quantum gravimeter＊" or "quantum electrometer＊" or "quantum radio＊" or "quantum receiver＊" or "rydberg atom sensor＊" or "vapor-cell sensor＊" or "defect-based sensor＊" or "scanning quantum dot microsco＊" or "qubit detector＊" or "quantum detector＊" or "quantum detector tomography" or "quantum tomography" or "quantum state tomography" or "microwave bolometer＊"or"microwave bolometer＊" or "quantum illumination" or "ghost imaging" or "quantum dot imaging"or"quantum imaging" or "quantum radar＊"),检索时间段:2013—2022 年.检索日期为:2023 年 4 月 20 日.专利检索库为 Incopat,TIABC=("quantum sensing" OR "quantum sensor＊" OR "quantum metrology" OR "atom interferometry" OR "n00n state＊" OR "atomic sensor＊" OR "quantum gyroscope＊" OR "quantum accelerometer＊" OR "quantum ins" OR "quantum imu" OR "quantum magnetometer＊" OR "quantum rf receiver＊" OR "cold-atom interferometer＊" OR "cold-atom gas interferometer＊" OR "heisenberg limit＊" OR "standard quantum limit＊" OR "quantum inertial sens＊" OR "quantum gravimeter＊" OR "quantum electrometer＊" OR "quantum radio＊" OR "quantum receiver＊" OR "rydberg atom sensor＊" OR "vapor-cell sensor＊" OR "defect-based sensor＊" OR "scanning quantum dot microsco＊" OR "qubit detector＊" OR "quantum detector＊" OR "quantum detector tomography" OR "quantum tomography" OR "quantum state tomography" OR "microwave bolometer＊" OR "microwave bolometer＊" OR "quantum illumination" OR "ghost imaging" OR "quantum dot imaging" OR "quantum imaging" OR "quantum radar＊");检索时间段:2013—2022 年;检索日期为:2023 年 4 月 30 日。专利进行简单同族合并。

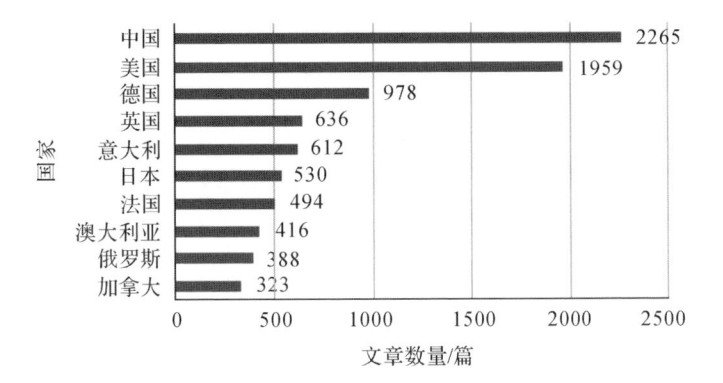

图 1   量子传感论文量前 10 位国家

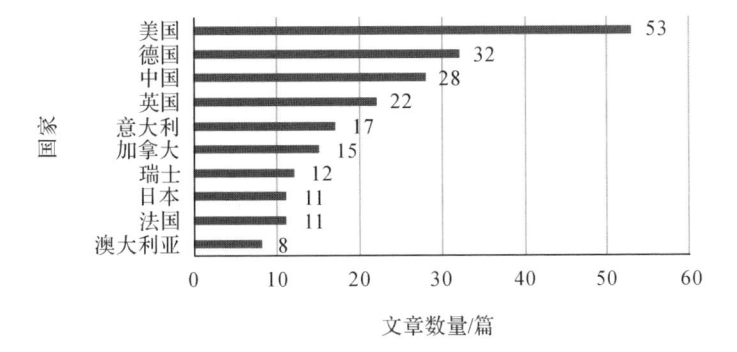

图 2   量子传感高被引论文量前 10 位国家

从技术创新的层面看,按照国家专利数量排名,中国、美国、韩国、德国、日本专利数量居于世界前列,是量子传感技术创新的主要来源地(如图 3 所示)。

二、量子传感技术在国防和军事领域的重要应用

(一)隐形潜艇识别和弹道导弹预警

在对抗隐形目标和复杂环境下,量子传感技术在未来军事反隐身作

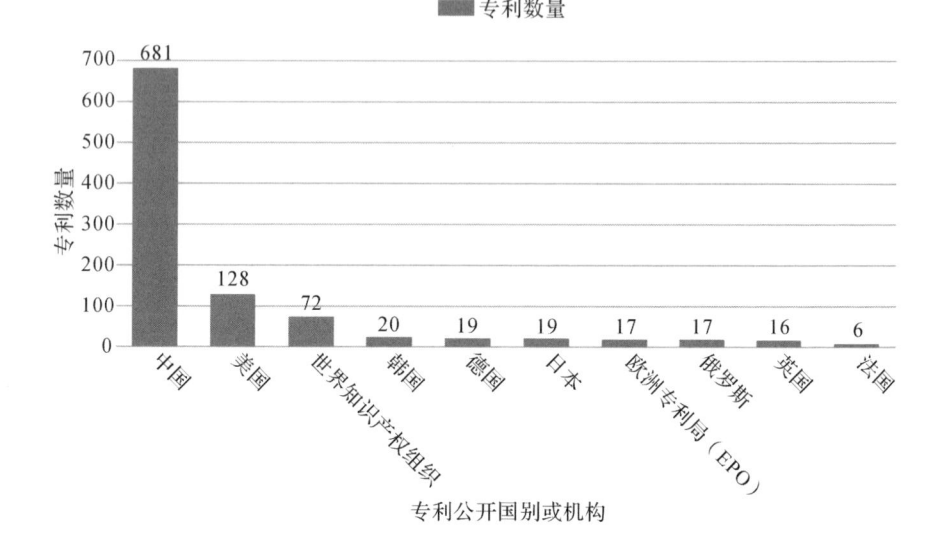

图 3　量子传感专利全球地域分布

战、空间探索、提高战场态势感知、目标探测和侦察效率等方面至关重要。量子雷达和量子磁强计通过利用量子纠缠和量子不确定性等特性,可实现高精度、高灵敏度的感知,提高对隐秘目标的监测与识别能力,在反隐身作战中具有潜在的颠覆性。特别是,这些技术通过利用量子态的特殊性质,实现对极小扰动的高灵敏度检测,如强化隐形潜艇的识别能力和弹道导弹的预警系统等。这在隐形潜艇的识别上表现为能够探测到潜艇引起的微弱水下扰动,而在弹道导弹预警方面,则能够早期探测到导弹发射时的微弱信号。美陆军开发的基于里德堡原子的量子传感器,能灵敏探测电磁辐射信号。目前,美国正在推进量子技术的军民融合发展,并与盟友(如日本、英国、澳大利亚等)及私营企业(如 IBM、谷歌、英特尔、霍尼韦尔国际公司等)合作开发适用于军事应用的量子计算机和雷达。① 美国国防部高级研究计划局(DARPA)启动了"量子传感器计划"(QSP)和"量子辅助传感

① 肖迅韬.美国量子信息技术军事化的动因、规划、应用与风险[J].军事文摘,2023(17):22-26.

和读出"(QuASAR)项目,致力于提升量子雷达的成像分辨率。此外,麻省理工学院、NASA、海军实验室、空军实验室等机构也在进行量子雷达的研究。这些技术改变了现代战争的监测和情报收集方式,使美国在国际量子传感技术竞赛中占据重要地位。

(二)导航与定位

量子导航技术,如量子陀螺仪和量子加速度计,能够在GPS信号被干扰或完全失效的极端环境下提供高精度的定位和方向信息。特别是量子定位系统(QPS)内置量子加速度计能显著减少潜艇航行时的累计偏移,增强其导航精度。此外,量子传感技术对于PNT系统(定位、导航、授时)的改善也十分显著,例如量子惯性及量子磁融合导航技术具有自主性和抗干扰能力强等优点,在航空航天、水下、GPS信号干扰下、军事作战等领域具有极强的应用空间,能实现高于传统系统百倍的精度。超灵敏原子磁力计具有飞特斯拉量级超高灵敏磁场探测能力,主要包括SQUID和各类原子磁力计。原子重力仪和原子重力梯度仪在极端条件下也能保持很高的测量精度,在惯性导航、地质勘探、车辆检查、隧道检测等方面有重要应用。总体来看,量子传感技术在导航与定位领域的应用前景广阔,尤其是在提供高精度、抗干扰的实用高性能量子导航系统方面,对于军事行动中的精确导航和自主导航需求至关重要。

(三)军事医疗

在军事医疗应急中,量子技术在脑成像和人机界面领域展现出巨大潜力,特别是通过使用量子脑磁图成像技术来增强人机界面和数据收集能力。例如量子传感技术设备——光学泵浦磁力计(OPM)可用于非侵入式的脑部扫描和诊断,这对于前线医疗救援,特别是对于诊断和处理头部创伤至关重要。此外,士兵的头盔可配备远程医疗监控和检测设备,为战场指挥官和医疗支持团队提供更多数据输入。同时,量子传感技术在提升医疗成像质量和精度方面也具有重要作用,能在低光照和复杂环境下生成高

清晰图像,在战场医疗救援和诊断方面发挥巨大作用。在现代战场上,利用量子传感技术实时监控士兵的健康状况,提供关键生理数据,可以显著提高医疗响应的效率和准确性。

三、启示与建议

量子传感技术在军事、医疗等依赖高精度传感和测量的领域有着十分重要的作用,尤其是在国防军事方面,将颠覆隐身、追踪等技术和电子战模式。然而,相较于量子计算和量子通信,我国在量子传感领域的布局和投入仍较少,因此需加快量子传感与测量技术的研发、应用与转化,以应对未来可能的军事风险。

(一)加快布局量子传感前沿技术顶层设计,建立国防技术屏障

一是分层次布局研发重点,弥补技术空白。量子传感技术涉及众多跨学科的应用与研发,横向跨度大,有些研究方案顺应现有技术的发展趋势,而另一些则开辟了全新的研究方向。这些不同的技术的发展水平和应用潜力存在明显差异。因此,我国需要制定分层次的研发策略。对于那些已有坚实基础的技术领域,如原子钟、核磁共振陀螺以及单光子探测和干涉测量等,应选择重点突破,并推动其产业化,以期在市场上占据先机。同时,在那些新兴且尚未开发的领域,如量子纠缠测量、量子关联成像和超流体干涉测量等领域,应加快部署重大科研项目,掌握技术主动权。

二是加强量子传感资金投入。目前,大量投资和研究工作推动量子传感技术在超灵敏传感器、定位、导航和定时、通信和信息科学等关键领域应用,已促成下一代技术的发展,例如超灵敏磁传感器和重力传感器、超精准时钟等。然而,我国在量子传感领域的布局和投入仍较少,而美国、加拿大、澳大利亚等国正在积极开展相关研究。因此,需明确投资的具体研究方向和目标,平衡对基础研究和应用开发的支持,稳定量子元件供应链的

需求,长期支持量子传感与测量技术的研发、应用与转化。

三是强化关键专利布局,抢占未来市场先机。我国量子传感领域暂时还没有可参考的、统一的技术研发路线图,各方向技术呈现多点创新的现状,因而在知识产权层面存在陷入国外专利围剿的可能性。我国需坚持目标牵引和应用场景导向,加快制定量子传感技术产业化应用路线图,统筹部署重点发展领域,在技术开发与转化过程中重视关键专利的布局,抢占未来市场先机。

(二)统筹创新资源,推动技术迅速迭代创新与应用落地

一是推动军民融合,发挥国防科技的潜在模式优势,推动量子传感技术基础研究与应用开发之间的快速迭代循环。世界各发达经济体逐渐重视提升量子传感器件性能和量子传感技术商业化,体现了基础研究和应用需求并行助力量子传感技术发展的模式。因此,需发挥我国有组织科研体系的制度优势,发挥军民融合的技术转化模式优势,明确我国量子传感产业发展中的关键和难点,确定有转化潜力的量子传感技术并推动重要军事成果孵化与产业化应用,在军事战争、生命健康、环境监测、前沿探索等各场景需求下,推动量子传感技术快速迭代循环。

二是设立专门机构,解决关键技术问题。设立专门的机构负责推进量子传感关键技术研发与落地,如解决当前量子传感器的温度敏感性和环境噪声影响大等问题,使其适应海陆空等各类环境;同时,提高量子传感器的稳定性和可靠性,解决量子技术与现有军事系统的兼容性问题,确定量子传感器在不同军事平台与多元应用场景上的部署需求,实现量子技术与现有军事系统的有效整合。

三是适度超前布局量子传感前沿技术。围绕新一轮科技革命的变革方向,结合国防军事技术需求,强调科学前瞻和技术引领,打造原始创新策源地。借鉴"DARPA 研发模式",构筑一支精尖的战略科学家团队,加快在国家层面制定量子传感技术发展规划,统筹解决战略性、方向性、全局性

重大问题，重点关注原位和体内量子传感的新模式和应用、量子传感领域的互连问题、基于纠缠和多体量子态的量子传感等量子传感前沿技术。

（三）优化支撑条件，夯实我国量子传感行业发展基础

一是构建成熟的量子传感技术人才培养体系。美国已率先制定量子人才规划，欧盟高度重视量子科技高等教育的实践导向，日本发起量子营人才培养项目，实施体验型、探索型与导向型人才培养项目。因此，面向国防和产业发展需求，需针对量子传感技术领域构建完善的、梯次接续的人才培养体系。通过推行"机构—项目—人才"一体化培养模式，以及高等教育分级、跨学科研究与教学、多元国际合作等方式重点培养一批高层次、高精尖复合型人才，和一批能有效满足民间企业发展需求的人才。

二是加强国际合作与人才引进力度。加强跨国交流合作，向量子传感技术优势国家派遣青年研究人员，直接参与海外研发项目，并在标准制定、数据共享、供应链、出口管制和技术方法等方面全面开展政府层面战略合作。同时，制定相关人才引进和补助政策，放宽科技移民政策，从全球人才库中吸引优秀的高素质专业人才。

三是布局建设重大科技平台及基础设施。加快集聚一批大科学装置，建设一批国家重点实验室，并推动其向全球、全国的科学家开放共享。同时，推动以政府为主导、企业为支撑的量子传感领域创新联合体建立，以重大科技项目为纽带，联合高校、科研院所和产业链上下游配套企业开展关键技术攻关和孵化，打造一流的量子传感领域产业发展生态。

第7篇　量子精密测量技术发展趋势分析①

报告核心内容

量子精密测量是量子力学在计量领域的颠覆性技术，其目标是实现单量子水平的极限探测、精准操控和综合应用。量子精密测量突破了当前基于经典力学原理的精密测量设备的测量瓶颈，进一步提升测量精度和灵敏度、提高测量效率，同时兼具抵抗特定噪声的优点。量子精密测量在基础科研、生命科学、资源勘探、能源电力、航空航天与国防安全等多个国家战略领域具有广泛的应用前景。本文介绍了量子精密测量主要技术路线的发展现状与趋势，分析了国内外发展差距的主要原因并提出了对策建议。

量子精密测量技术也被称为量子探测技术、量子传感技术，它基于微观粒子体系对外界变化高度敏感特性，突破经典探测手段极限，可以实现对磁场、重力场、电场、目标位置、角速度等状态信号的高灵敏、高精度探测。发展量子精密测量技术，一是能够提升现有技术在空中、地面、水下等

---

① 本文于 2023 年 12 月份撰写报送，编入本书过程中做了适当调整。撰写人：李泓（中国电子信息产业发展研究院集成电路研究所产品与系统研究室工程师）、解楠（中国电子信息产业发展研究院集成电路研究所产品与系统研究室副主任、高级工程师）。

的感知传感能力；二是能够获得在自主导航、计量等领域超越传统探测技术的能力；三是能够提升当前以光电技术为主的仪器仪表的分辨和精确探测能力。

一、量子精密测量发展概述

当前量子精密测量领域，冷原子干涉、热原子蒸气、金刚石氮空位色心、里德堡原子等多条技术路径正并行演进。相较于量子通信和量子计算，量子精密测量的关注度和知悉度较低，细分领域繁多、研究分散，但整体产业化、商业化进程最快。不同类型测量技术和产品的发展程度和应用前景存在一定差异。原子钟、核磁共振陀螺和单光子探测与干涉测量等量子测量方案因其基于已有技术平滑升级演进，所以发展更加成熟，实用化前景更为明确。量子纠缠测量、量子关联成像和超流体干涉测量等新兴方向在研究与应用方面面临更大挑战，实用化发展需要更长时间。

当前量子精密测量正处于从专用量子传感器向工业级量子传感器过渡的初始阶段[①]，提升灵敏度、稳定性、性噪比等核心指标，健全设备性能指标评价体系，推动已有工程样机产品化，完善国产量子精密测量仪器应用验证是关键任务。预计 2035 年将进入消费级量子传感器阶段，为前沿科研、计量基准、航空航天、生物医疗、工业检测、资源勘探、能源电力、气象环保等众多垂直行业应用赋能。

量子精密测量的实用化产品是量子传感器，是基于量子力学原理的新一代精密测量方式或仪器设备的统称，可以分为量子时频测量、量子磁场测量、量子重力测量、量子惯性测量、量子电场测量和量子探测成像六大类（见表 1）。

---

①　徐婧，唐川，杨况骏瑜.量子传感与测量领域国际发展态势分析［J］.世界科技研究与发展，2022,44(1):46-58.

表 1　量子精密测量技术的应用能力与应用场景

技术方向	应用能力	应用场景
量子时频测量	高精度时间基准和频率基准;高精确时间同步;高精确长时间守时	授时站点;通信、雷达与导航装备的时间信号;电子设备频率与时间基准
量子磁场测量	目标磁场信号的高灵敏被动探测;磁场异常信号实现对潜艇、地下掩埋物体的探测;地磁场/梯度的精确测量	航空探潜,水下 UUV 探潜;水下探测;水下磁通信;陆未爆探测;地下工事侦察;无人集群等快小目标的磁信号跟踪识别;心磁脑磁快速成像;基于磁传感器阵列构建岛礁防御;磁场测绘与磁力场匹配导航
量子重力测量	高灵敏的重力/重力梯度测量;基于重力/引力异常变化进行目标探测	海基无依托发射;水下重力场匹配导航;海洋重力场测量;水下航行安全
量子惯性测量	角加速度的高精度测量;水平/垂直加速度的高精度测量;位置的精确定位和轨迹的精确绘制	水下长时自主导航隐蔽导航;无人集群自主;水下物理场的定位与导航
量子电场测量	电磁波精确测量;极弱电场信号的探测;弱电磁信号接收;电池电流状态监测	电磁频谱信号监测;雷达反隐身;隐身飞行器识别、航空目标监测;卫星通信;锂电池,储能系统生产与管理
量子探测成像	超越经典极限的超分辨探测与成像;前视成像;全天候全天时的探测	要地防御侦察(机场、重要港口大坝);基于空间平台的航母群全球持续跟踪与态势感知

赛迪智库整理,2023 年 10 月

二、量子精密测量发展现状

从整体上看,经过多年努力,我国在量子精密测量技术相关方向组建了一批高水平的研究团队,发表了系列高水平论文,取得了许多重大进展。

在实验室阶段的基础技术研究,我国与世界最先进水平基本保持同步,但在应用阶段的技术研究,我国与世界先进水平仍存在一定差距。核心关键技术指标方面仍然存在 3～5 年的差距。美国和加拿大的碱金属磁力仪已经列装到反潜机,我国除仿制产品外,自主研发的产品目前还处于指标能力待验证状态。国内外原子干涉重力仪、芯片原子钟均有产品在售,但国内可靠性还有待进一步提升。

（一）量子时频测量

量子时频测量的主要产品为原子钟,当标准 GPS 信号不可用时原子钟辅助网络和高精度时间传输协议,可为导航系统提供弹性;军事上,在精确制导、作战同步指挥方面发挥重要作用;在信息通信领域,提供时间基准,辅助 5G/6G 无线接入网络时钟同步。

微波原子钟方面,氢钟在我国已实现北斗星载应用,被动型氢原子钟在国际上处于领先地位,主动型原子钟与国际最先进指标尚有差距;铯钟相对成熟,我国与国外水平基本相当。在芯片原子钟、光钟方面,我国与强国存在一定差距。

（二）量子磁场测量

量子磁场测量主要利用量子磁力计,在脑磁图领域商业化较为成熟,为神经疾病的治疗研究提供全面支撑,其非侵入性测试功能对于生物检测和工业检测有重要意义,另外地磁导航应用的军事价值也逐渐凸显。

国外已经有成熟装备应用和商业产品出售,法国 MARK-Ⅲ型核磁双共振 Overhauser 磁力仪已装备应用、美国光泵氦原子磁力仪已装备在 P-3C 反潜机上、加拿大 CAE 电子有限公司的 AN/ASA-65 半自动磁补偿器已批量生产并装备英国皇家空军。国内有多个厂家仿制国外的光泵磁力仪产品在售,指标探测精度在 pT 量级。目前光泵量子磁力仪和 CPT 磁力仪技术相对成熟,军事科学院、航天科工 33 所、航天科技 13 所、中国科学院精密测量科学与技术创新研究院、北京大学等正在对典型应用场景进

行验证。

（三）量子重力测量

量子重力测量利用了冷原子干涉技术,重力测量设备分为量子重力仪和量子重力梯度仪,广泛应用于地球物理探测与资源勘探。大型超高精度喷泉式冷原子重力仪有望应用于验证爱因斯坦广义相对论理论、探测引力波、研究暗物质和暗能量等,是基础科研的有力工具。小型化下抛式冷原子重力仪有望应用于可移动平台,例如航空重力仪、潜艇重力仪甚至卫星重力仪,但目前工程化研发还处于起步阶段,设备可靠性和环境适应性等方面还需要进一步提升。

国外美、英、法等已开发初级商用产品,组织开展了海空环境下的动态绝对重力测量应用试验。国内目前掌握了核心关键技术,样机进行了实验室静态、湖泊系泊准静态条件下的能力测试,初步开展典型陆海域环境运动条件下的动态连续测量应用研究,有望在 5 年左右实现成熟设备研制和应用。

（四）量子惯性测量

量子惯性测量也利用了冷原子干涉技术,量子惯性测量设备分为量子加速度计和量子陀螺仪。量子加速度计通过激光或者阱抵消垂向方向的重力影响,以实现对不同方向加速度的测量,量子陀螺仪基于萨格奈克效应测量载体的旋转角速度。量子惯性导航通常由量子加速度计和量子陀螺仪结合实现,能够减少漂移误差,满足未来高精度、全地域、长航时的自主导航需求,在自动驾驶、无人机、潜艇、导弹等领域有广阔的前景。

在量子惯性测量领域,特别是角速度传感器(陀螺)领域,核磁共振陀螺发展最为成熟,已经进入芯片化产品研发阶段。原子干涉陀螺均尚处于实验室研发阶段,已完成样机研制。超流体干涉和金刚石色心陀螺目前还处于原理验证或技术试验阶段,距离实用化较远。

（五）量子电场测量

量子电场测量是利用里德堡原子系统探测射频电场，主要产品为原子天线。与传统天线相比，原子天线有可能通过提供改进的信号接收和传输能力来彻底改变无线通信技术，尤其可以用于特种通信系统，对军用天线性能进行强化，实现作战保密通信。此外，利用金刚石 NV 色心的量子电流互感器，可以以非破坏和非接触的方式实现高灵敏度电流成像，能用于锂池漏电检则，光伏器件检测，电动车电池和大容量储能装置工作电流监测。

量子电流互感器已有相关产品，处于产业化初期。量子天线目前还处于实验室研究阶段。

（六）量子探测成像

量子探测成像产品主要为量子雷达，军事上能够用于隐形战机和导弹识别，科研上能够进行气象检测预报与海事监测。

量子雷达领域还处于研发的初始阶段，但我国已拥有量子雷达的原型机和商业化公司，在该领域具有领先优势。

三、量子精密测量发展趋势

量子精密测量技术快速进步展现了美好的应用前景，当前量子探测技术可作为传统探测手段的有效补充和增强，短期内可具备接近或超越传统探测手段的技术性能指标，长远看可具备超越传统探测手段数量级的技术性能指标。

量子精密测量技术已经发展到应用落地的关键阶段，有望产生规模化应用效应，展现了重要的商业价值。但同时量子精密测量技术也正面临着核心关键技术突破、工程化实现、性能指标提升等诸多挑战。

（一）量子时频测量

量子时频测量技术未来的发展方向：一是提供更高性能频率准确度和稳定度：作为时间和频率基准，应用于高精度计量和守时系统。二是提升卫星导航性能：装配有芯片级原子钟的卫星导航信号接收器，其信号跟踪速度快，可实时隔离干扰噪声，大幅提高卫星导航信号接收的可靠性。三是为惯导系统提供精确的时频信号：消除累积误差，有效地保障卫星拒止环境下的装备自主导航能力。

实际应用层面，未来需要发展新型光钟、离子钟和芯片原子钟，以及时频精准传输技术，持续提升技术指标和成熟度。守时设备的室内静态应用环境更侧重于原子钟在频率准确度、频率稳定度等性能指标。星载/机载导航系统的原子钟应重点关注体积、功耗以及可靠性等指标要求；重点关注芯片/微型原子钟与光钟研制，开发出体积小、功耗低、稳定性与可靠性高的芯片原子钟产品，研制星载、机载芯片原子钟工程样机。① 基于此，本文设计了我国量子时频测量技术的中长期发展路线图，见表2。

表 2　量子时频测量技术路线

时间	2023 年	2025 年	2027 年	2035 年
发展阶段	相比国外存在差距	完成应用能力技术验证	提升产品技术指标	广泛应用的商业产品

（二）量子磁场测量

量子时频测量技术未来的发展方向：一是提升灵敏度等主要技术指标：突破光源、原子气室和信号检测等关键技术，实现碱金属原子蒸气磁力计灵敏度提升。随着高品质金刚石单晶制备工艺、NV 色心的磁测量方法、系统噪声抑制和相干操控等技术的不断发展，金刚石 NV 色心磁力计

① 陈天意，李东豪，徐忠孝，等.芯片化原子钟和磁力计装置的发展及挑战[J].中国科学：物理学 力学 天文学，2023，53(11)：24-41.

的灵敏度将进一步提升。[①] 二是提升集成样机工艺:从微机电集成、探头集成和光纤集成三个方向提升 NV 色心磁力计集成化水平。[②] 三是提升应用场景适应性:优化光泵磁力计大型平台搭载技术,全面推广至实现地海空天磁探测应用。开发出测量矢量磁场、磁成像、分布式磁测量、全光磁测量等新的磁测量方法,实现地磁导航、生物磁场成像、工业无损检测等场景应用。

实际应用层面,探测灵敏度、工作环境、小型化,是影响磁力设备应用的三个主要因素。未来需要重点突破光泵碱金属原子磁力仪、CPT 原子磁力仪、无自旋交换弛豫原子磁力仪等高性能、实用化、集成化技术瓶颈,实现飞特斯拉(fT)甚至阿特斯拉(aT)量级的探测灵敏度;发展金刚石 NV 色心原子磁力仪等新型量子磁探测技术。基于此,本文设计了我国量子磁场测量技术的中长期发展路线,见表 3。

表 3　量子磁场测量技术路线

时间	2023 年	2025 年	2027 年	2035 年
发展阶段	缺少成熟产品	pT 级量子磁力仪产品	亚 pT 级量子磁力仪产品	量子磁力仪系列设备广泛应用

(三)量子重力测量

量子重力测量技术未来的发展方向:一是获取特定区域重力和重力梯度数据库:发展重力图形匹配技术,为执行长期潜航任务的平台提供水下位置校正信息,不必再浮至接近水面,保证高精度、可靠性、隐蔽性和安全性。二是实现高精度重力场数据的实时精确测量:可为发射场地及途经地域提供重力异常和垂线偏差信息,并对惯性导航系统进行重力补偿,有效

① 蓝子桁,谢一进,荣星.基于金刚石氮—空位色心的磁力计概述[J].导航与控制,2022,21(Z2):122-138.
② 郑斗斗,郭浩,李中豪,等.NV 色心磁强计研究进展及应用[J].导航与控制,2022,21(Z2):139-161.

降低惯性导航系统的 Schuler 误差和导弹落点偏差,提高系统的精准能力。三是发展基于重力梯度的目标探测技术:可不受外界信号和海洋环境的干扰,对不向外界发射信号的隐蔽目标进行无源探测,为一体化探测提供预警监视和情报支援。

实际应用层面,测量灵敏度、小型化,满足船舶、车辆、飞机、卫星等平台搭载要求、支持动态测量等因素,是影响重力仪落地应用的主要因素。未来需要加快冷原子干涉绝对重力仪/重力梯度仪工程样机研制,实现量子重力仪动态连续快速测量,提升设备一体化设计制造,实现关键器件国产化;开展高精度重力/重力梯度场图绘制及重力场匹配导航技术研究;实现对现有进口激光绝对重力仪的替代;探索重力/重力梯度测量新机制。基于此,本文设计了我国量子重力测量技术的中长期发展路线,见表 4。

表 4　量子重力测量技术路线

时 间	2023 年	2025 年	2027 年	2035 年
发展阶段	缺少商业产品	完成动态环境测试,替代进口重力仪	完成国内重要区域重力场测绘	完成全球重要区域重力场测绘

(四)量子惯性测量

量子惯性测量技术未来的发展方向:一是量子惯性导航技术:可将惯性导航精度提升 3～5 个数量级,适用于长航时高精度导航应用,支撑深空探测飞行器对超高精度自主导航应用。二是量子惯性仪表:具有超高精度、小体积和低功耗等显著优点,在未来单人自主导航、无人平台、智能武器和微小型空天飞行器等应用中具有潜在价值。三是基于量子器件的自主导航技术:可以摆脱平台对卫星导航的依赖,提升有无人平台自主导航能力。

实际应用层面,以零偏稳定性(陀螺仪)、测量灵敏度(陀螺仪/加速度计)为代表的测量指标相对同体积传统惯性设备是否有优势,是影响量子

惯性测量设备落地应用的关键。未来需要重点完成超高精度、高可靠性量子惯性器件研制,研究量子惯性导航系统相关基础理论与工程应用技术,完成量子陀螺仪、量子加速度计的平台式系统技术验证,研制工程样机,推进量子惯性导航系统在高精度自主定位导航领域的工程应用。基于此,本文设计了我国量子惯性测量技术的中长期发展路线,见表5。

表 5　量子惯性测量技术路线

时间	2023 年	2025 年	2027 年	2035 年
发展阶段	原型机处于国际先进水	完成平台式系统的技术验证验证指标	研制工程样机,具备初步应用能力	形成体系化工程应用能力

（五）量子电场测量

量子电场测量技术未来的发展方向:一是提升微波电场宽频探测接收能力:基于里德堡原子大的极化率、低的场电离阈值和大的电偶极矩、对外部电场十分敏感等特性,可以实现 0.5～500GHz 超宽频段范围内微波电场强度的测量,灵敏度高于传统微波电场测量实现方式约 3 个数量级。二是提升天线灵敏接收能力:基于量子电场传感器阵列组成的量子天线,有望实现全波段的电(磁)场高灵敏度探测,在微型天线、信号源探测等方向具有潜在的应用价值。

实际应用层面,需要重点关注的是探测灵敏度、最小探测电场强度以及探测元件尺寸等。未来需要开展基于里德堡原子的电场探测机理研究,对影响电场探测电磁波频率范围及灵敏度的关键因素进行分析并做出针对性改进;发展量子电场传感器集成与阵列技术,实现基于量子电场传感器阵列的通信及感知的量子天线,推动应用落地。基于此,本文设计了我国量子电场测量技术的中长期发展路线,见表6。

表 6　量子电场测量技术路线

时间	2023 年	2025 年	2027 年	2035 年
发展阶段	实验室指标领先	形成原理样机、开展侦查和通信试验演示	高灵敏原子天线、高空间分辨率电场成像样机	形成高灵敏量子电场探测产品

（六）量子探测成像

量子探测成像技术未来的发展方向：一是提升全天候信息保障能力：具备云、雾、霾、沙尘等环境下抗干扰探测能力，提升目标检测及识别能力，通过多体系多维度信息融合提升目标感知与识别定位能力。二是提升天基目标探测感知能力：基于光场高阶涨落实现成像，具有分辨率高、抗干扰能力强等优点，有望实现星载平台亚米级分辨率成像。三是提升远距高分辨能力：微波及光学量子关联成像技术具备远距离、高分辨成像的能力，支持远距成像能力和材质识别。

实际应用层面，需要关注的是对传统雷达的能力提升贡献，其中，探测距离、角分辨率以及成像速率是重点。未来在光学关联成像方面，需要发展量子关联相控阵探测方法，将量子关联成像与光纤相控阵技术结合，通过精确操控空间光场实现测量基编码，实现远距离、高分辨率成像与测距；在微波关联成像方面，重点发展突破经典极限的超分辨能力；此外，也要发展单光子/少光子激光雷达探测与成像等技术。[①] 基于此，本文设计了我国量子探测成像技术的中长期发展路线，见表 7。

表 7　量子探测成像技术路线

时间	2023 年	2025 年	2027 年	2035 年
发展阶段	总体处于国际前沿	完成工程样机研制和技术能力验证	形成典型应用	发展形成成熟商业产品

---

① 刘伟涛，聂镇武，孙帅. 量子雷达技术的发展现状及趋势[J]. 国防科技，2023,44(4):5-22.

四、基于国内外差距分析的对策建议

从全球看,欧美国家在量子测量领域起步较早,研究基础深厚,上游材料和器件自给能力较强,技术产品种类全面,行业商业化进程较快。日韩在磁场测量、科研和工业仪器方面发展相对成熟,但在时间时频与重力测量领域仍保持在实验室研究阶段,尚无具体产品。加拿大和澳大利亚在磁场测量、科研和工业仪器方面有涉及。新加坡在重力测量领域有提供量子重力仪相关产品与服务的初创公司。我国在该领域的起步较晚,技术积累深度不及欧美,在产业链上游和部分技术产品上存在"卡脖子"风险。全球量子精密测量技术成熟度的高德纳(Gartner)曲线如图 2 所示,目前此技术领域大约处于图中"稳步攀升的光明期"。

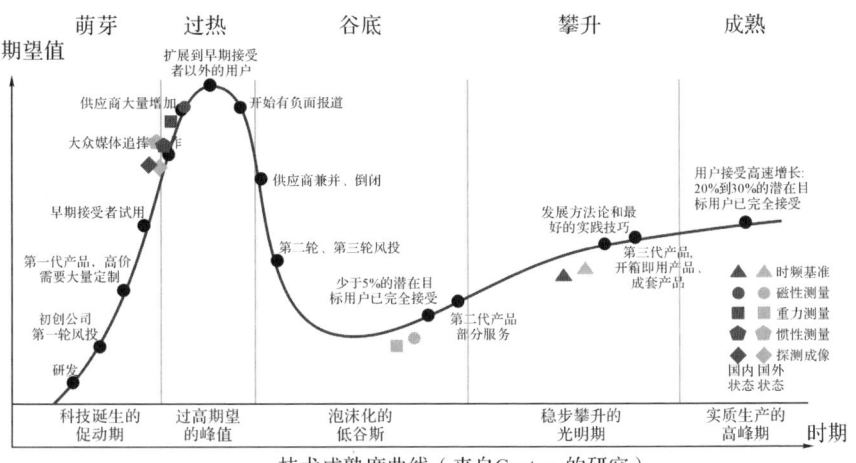

图 2　量子精密测量技术成熟度分析

赛迪智库整理,2023 年 11 月

（一）明确重点研发方向,加快核心技术协同攻关

面向国家重大战略需求,结合量子科技发展整体态势,制定针对量子

精密测量相关政策规划和项目布局。充分发挥新型举国体制优势,以国家实验室为依托,在研判量子精密测量未来发展趋势的基础上,明确重点研发方向,联合相关企业,加快核心技术的协同攻关,并及早布局关键性空白技术领域,全面推动量子传感与测量的原始创新和产业化进程。短期看,要加快光学原子钟,加速光泵磁力计等相对成熟产品的产业化进程;中期看,加快推进 NV 色心磁力计和量子重力仪等重点产品研发,完成量子重力梯度仪工程样机,补齐产业发展短板;长期看,重点突破量子惯性导航仪器、量子雷达等高端应用,形成较为完善的量子精密测量产品体系。

(二)建立合作平台与机制,推进产业生态环境建设

从国家层面建立合作平台与机制,加强产学研间的沟通交流,对应用发展方案和产业推动路径等问题进行研究部署,加速科研成果转化,推进量子精密测量产业化发展。面向前沿科研、计量基准、航空航天、生物医疗、工业检测、资源勘探、能源电力、气象环保等领域,建立研发机构与最终用户的直接对话通道,加快推动关键产品应用,加强核心技术协同攻关,促进产品迭代升级,推进量子精密测量产业生态环境建设。

(三)重视复合型人才培养,稳定基础研究长期支持

探索适合量子精密测量队伍稳定发展的体制机制,培养一批扎根国内量子精密测量仪器研发的人才队伍。由于仪器研发周期较长,人才评价和职称晋级等方面需要建立新的评价机制。通过设立工程系列的高级工匠和工程师等系列人才称号,从量子精密测量仪器国产化和实用化等方面建立第三方评价模式,让从事仪器研发和工程应用方面的工程师得到发展空间。科研机构工程系列人员开展多学科访问交流,促进多学科交叉融合,进一步带动技术创新,通过设置国际合作项目鼓励工程技术人员深度参与国际合作。

第8篇　量子科技开启药物研发新思路①

报告核心内容

　　药物研发过程复杂且成本高昂,目前该行业正面临着研发效率低、新药上市时间长以及疗效、安全性不确定等挑战。基于量子物理原理的计算方法在药物设计中发挥着关键作用,能够在原子和分子层面上揭示类药分子的电子结构、化学性质以及与生物靶点的相互作用,同时也推动了生成式大模型等前沿人工智能技术的应用,从而推动药物研发流程革新,加快研发迭代,提高研发效率和成功率。立足于量子科技赋能药物研发进而实现我国生物医药高质量发展,为未来健康产业积蓄创新力量,本报告从药物研发的原子层面到蛋白层面总结了量子物理原理在药物研发中的应用,并提出了当前药物研发中跨学科研发、数据共享与治理、新型基础研究设施应用等方面的挑战和建议。

　　随着人口增长和寿命延长,人类在维护生命质量上的需求日益强烈,药物研发是保障人类健康的关键领域,重要性也与日俱增。然而,传统的药物研发方法面临效率低下、成本高昂以及疗效和安全性不确定等挑战。

---

① 本报告撰写于2024年1月,作者为马健(晶泰科技联合创始人、首席执行官)。

量子科技是近年来备受关注的前沿领域之一,它以量子力学为基础,探索和利用微观粒子的物化性质以及相互作用,带来了前所未有的科学突破和技术进步。基于量子物理的计算方法则通过量子力学原理进行药物化学反应和类药分子性质研究,为药物研发尤其是原创新药研发带来了新的机遇。当然,新技术赋能传统药物研发也带来了新的挑战,诸如跨学科研发、数据共享与治理、新型研究设施应用等,需要相应政策措施予以保障,以促进量子科技在药物研发领域的应用与推广,进而助力我国生物医药产业的高质量发展。

一、多学科融合,量子物理的计算方法
在药物研发中的应用原理

基于量子物理的计算方法利用量子力学原理研究化学反应和分子性质。在药物研发领域,它可以帮助我们更好地理解类药分子与生物体之间的相互作用,优化药物设计,提高药物疗效。药物研发是一个涉及多个阶段的复杂过程,包括靶点识别与验证、分子设计与生成、先导化合物优化、临床前研究及临床试验等。研究人员利用高通量筛选、计算化学等方法寻找潜在的药物候选分子,并通过体外实验和动物模型评估其安全性和有效性,最终在临床试验中验证药物在人体中的作用。

面对药物研发成本的上升、新药上市时间延长以及疗效和安全性不确定等挑战,研究人员和制药公司正在积极寻求新技术和新方法以提升研发效率和成功率,其中基于量子物理的计算方法逐渐成为关键工具之一。无论是小分子药物还是大分子药物(如蛋白质和抗体),药物研发的核心在于发现和开发能够治疗疾病或控制疾病的药物分子。这些分子通过与生物体内的特定靶点相互作用,调控生物过程以达到治疗效果,而量子物理计算方法可以在原子层面到蛋白复合物层面对药物分子的发现及成功开发

起到关键作用。

近几十年,化学家们已经将基于量子力学(Quantum Mechanics,QM)的计算模型当作常用的研究工具,应用范围涵盖从结构的揭示到反应活性的评估。然而,由于量子物理的计算方法的本质是计算量大且不易扩展,当进行大型原子级模拟时,往往需要在计算精度和时间效率之间做出权衡。因此,寻求在这两者之间达到更优平衡的新理论方法成为研究的关键。本报告将探讨量子物理的计算方法在药物研发中的具体应用实例,这些实例将清晰地展现量子物理方法在药物发现和优化过程中的实际价值,及其如何促进了新药候选分子的快速筛选和评估。通过这些讨论,研究者们不仅能够理解量子物理在当前药物研发中的作用,还能够洞察未来相关技术可能存在的问题和挑战。

二、基础学科结合前沿技术,量子物理的计算方法在药物研发中的应用实例

基于量子物理的计算方法在现代药物研发中扮演着至关重要的角色,其应用贯穿了药物研发的多个关键阶段,包括分子设计及模拟、结构预测、晶型筛选、溶解度预测以及药物与靶点之间的结合亲和力评估等,这不仅可以显著提高研究效率,降低研发成本,还能增强药物疗效和安全性评估的准确性。通过结合量子力学第一性原理和经典模型的分子力学,研究者们能够在原子和分子层面上精确理解药物分子的性质,预测其活性和稳定性,并优化分子设计。此外,随着人工智能的融合,量子物理计算方法的应用范围正在不断扩展,为新药的快速上市和疾病治疗提供了强大的科学支撑。

(一)量子物理计算通过高精度模拟加速临床前药物研发

在类药分子结构预测及分子模拟方面,吉林大学马琰铭团队基于晶体

对称性的分类检索思想,结合基于量子物理原理的粒子群多目标优化算法(Particle Swarm Optimization,PSO),引入成键特征矩阵,提出并发展了CALYPSO(Crystal structural AnaLYsis by Particle Swarm Optimization)结构预测方法,在此基础上开发了CALYPSO结构预测程序,能够准确预测团簇、2D层面、表面和3D晶体在给定化学成分和外部条件(例如压力)下的能量稳定/亚稳定结构。[①] 当面对药物设计这一复杂性高、追求"去同求异"的实际应用挑战时,分子模拟技术及分子力场构建的重要性也逐渐凸显。在药物研发中,模拟的体系包含多种不同组分,包括蛋白靶标、药物候选配体分子、溶剂、离子等,对这些组分需要选择自洽一致的力场。

　　基于在云计算和算法等方面的技术积累,晶泰科技研发团队综合量子力学第一性原理和经典模型的分子力学,自主开发出一整套描述类药分子的力场参数——XFF(XForce Field),在覆盖更大化学空间的同时,能够对体系性质进行更高精度的描述。除力场参数之外,还需开发一套能够调度海量资源的云计算平台和自动参数化流程,使之能够快速完成一轮完整的参数优化,并且支持不同函数形式以及目标性质的优化需求,以实现根据不同需求定制力场开发,为药物设计提供了功能强大的研究工具。[②]

　　药物与靶点之间的结合亲和力是药物药效发展的基础,为了预测药物发现项目中的结合亲和力,研究者们已经开发了多种计算机模拟方法,其预测质量随着时间的推移而不断改善。这些方法通常依赖基于规则的物理模型或基于数据的机器学习(Machine Learning,ML)和人工智能(Artificial Intelligence,AI)模型。其中,自由能微扰法(Free Energy Perturbation,FEP)是一种基于统计力学(经典力学和量子力学原理)的严

　　① Yanchao Wang,Jian Lv,Li Zhu,Yanming Ma. CALYPSO: A method for crystal structure prediction,Computer Physics Communications[J]. 2012,183(10):2063-2070.

　　② Mingjun Yang,Asaminew H. Aytenfisu,Alexander D. MacKerell. Proper balance of solvent-solute and solute-solute interactions in the treatment of the diffusion of glucose using the Drude polarizable force field[J]. Carbohydrate Research,2018(457):41-50.

格的自由能预测模型,由于其准确可靠的性能,在预测候选化合物与其生物靶点之间的结合亲和力方面,受到越来越多的关注。目前 FEP 应用程序存在众多局限性,包括但不限于成本高、等待时间长、可伸缩性有限和应用场景广度不够等。目前市面上已有一种高精度自由能微扰平台——XFEP,可以使用优化的模拟协议进行相对和绝对自由能预测,以一种更高效、可扩展和经济的方式实现大规模 FEP 计算。例如,使用 $50\sim100$ GPUs 可以在 1 周内对 5000 种化合物进行评估,计算成本大约相当于合成一种新化合物的成本。未来,可扩展的 FEP 应用与 AI 建模紧密结合,预计可以在药物发现场景中得到更广泛的应用,从而加速临床前候选化合物的发现。[①]

（二）量子物理计算加速药物晶型高精度筛选助力临床期研究

在现代药物研发的临床期研究中,进行完备的晶型筛选实验同样是非常重要的一个环节。相同的药物分子因其晶型不同而具有不同的理化性质,而理化性质的不同决定了药物在人体内的生物利用度,生物利用度又最终影响药效、给药形式以及剂量等。晶型预测（Crystal Structure Prediction,CSP）是指,给定分子的二维结构式,通过计算模拟获得它的所有可能的稳定晶型。CSP 流程共包含三个主要阶段:晶体搜索、能量排位和室温稳定性计算。以能量排位阶段为例,量子化学精度的计算可以得到较为可靠的相对稳定性和晶体结构,但搜索阶段产生的虚拟结构数量级过大;另一方面,基于经典力学的力场方法速度快,但它与量化能量相关性不高。所以在实际计算中,研究者们采用多轮精度不同的排位策略逐步筛选的方法,使 CSP 在药物工业中变得真正实用。多轮精度不同的排位策略可以逐步筛除掉部分高能结构,从力场到半经验方法可以将结构数从百万

---

①　Zhixiong Lin, Junjie Zou, Shuai Liu, et al.. A cloud computing platform for scalable relative and absolute binding free energy predictions: New opportunities and challenges for drug discovery[J]. Journal of Chemical Information and Modeling, 2021, 61(6): 2720-2732.

减少到万或十万量级,从半经验方法到基于量子物理的计算方法,可以进一步将结构数减少到千量级。最终阶段只对极少数结构进行高精度计算,将相对能量误差控制在 1.5 kJ/mol 以内。[①]

以基于量子物理原理的晶型预测技术用于药物发现早期的溶解度预测为例,由于溶解度直接影响药物的生物利用度并最终影响药效,因此在药物发现早期获得溶解度信息对于先导化合物的选择和优化都有重要意义。但由于处在药物发现早期,先导化合物数量大,如果全部使用实验方法精确测定溶解度,则面临合成任务重、合成难度大以及周期长等问题。因此,如果通过计算在不需要合成的时候能够又快又准地得到溶解度则能直接加速药物研发过程。但面临的挑战是先导化合物分子之间较相似,在没有晶体信息的情况下通过理论预测这些相似分子的溶解度区分度不高。

2021 年,晶泰科技曾与美国 AbbVie 公司合作研究一个早期溶解度预测工作[②],研究团队针对 AbbVie 早期设计出的 8 个相似分子进行了溶解度预测。传统的溶解度预测方法,无论是 QSAR(Quantitative Structure Activity Relationships),还是基于无定型态构建热力学循环计算溶解自由能,都无法将晶体堆积作用对溶解度的影响考虑到模型中,因此预测出来的溶解度数据很难区分开具有相似骨架的同系列分子。实验结果表明,利用量子物理原理与 AI 预测模型相结合的计算方法,基于晶体结构信息的溶解度预测数据在相似分子间更具有区分度,且与已有热力学溶解度数据对比,预测溶解度和实验溶解度的误差更小,因此可以用作先导化合物筛选的信息。

　①　Guangxu Sun, Yingdi Jin, Sizhu Li, et al.. Virtual coformer screening by crystal structure predictions: Crucial role of crystallinity in pharmaceutical cocrystallization[J]. J. Phys. Chem. Lett, 2020, 11(20): 8832-8838.

　②　Richard S. Hong, Alessandra Mattei, Ahmad Y. Sheikh, et al.. Novel physics-based ensemble modeling approach that utilizes 3D molecular conformation and packing to access aqueous thermodynamic solubility: A case study of orally available bromodomain and extraterminal domain inhibitor lead optimization series[J]. J. Chem. Inf. Model, 2021, 61(3): 1412-1426.

（三）量子物理计算与 AI 结合赋能大分子药物研发

量子力学同样为大分子药物研发提供了理论框架和计算工具，使科学家能够在原子和分子层面上精确理解药物分子与生物靶标之间的相互作用机制，预测药物的活性和稳定性，以及优化药物分子的设计，从而提高药物研发的效率和成功率。复旦大学徐昕团队将密度泛函与支持向量机（Support Vector Machine，SVM）相结合，提出了一种基于 ^{13}C 化学位移的有机物结构解析的高效且精准的方法，称为 SVM-M。利用 SVM 方法中的决策值的双重作用，SVM-M 不仅可以判断单个候选结构是否正确，同时在有多个相似候选结构下也可以判断哪个结构更为准确。在一组包含760 个分子的分子集中，该方法的精度高达 99%，这使得 SVM-M 有望成为有机物结构解析的高效准确的常规工具。[1]

随着行业技术的发展，可开发性已被视为抗体临床试验获得成功的关键驱动因素。传统的"功能优先、可开发性其次"的筛选范式是按顺序进行的，并非最佳方式，时常会获得可开发性较差的候选抗体，需要进一步的工程改造。已有研究者提出，在筛选抗体的过程中同时考虑可开发性和功能，这一操作可以借助其自主研发的抗体计算平台——XcelDev 来实现，不仅时间周期短而且成本极低。XcelDev 拥有全面丰富的计算模型，包括基于量子物理原理的模型和基于 AI 的模型，利用数千个内部数据点训练AI 模型，在多个可开发性预测任务中实现了 SOTA（State-of-the-art Model）性能。

综上，通过量子力学原理，研究者能够针对不同模态的药物在多个研发阶段实现对药物分子性质的精确计算和模拟。这不仅提高了药物分子的发现效率，降低了研发成本，还增强了药物的疗效和安全性评估的准确

---

[1]　Anan Wu, Qing Ye, Xiaowei Zhuang, et al.. Elucidating structures of complex organic compounds using a machine learning model based on the 13C NMR chemical shifts[J]. Precis. Chem, 2023,1(1):57-68.

性。随着人工智能技术的融合,量子物理计算方法在药物研发中的应用将更加广泛和高效,为新药快速上市和疾病治疗提供强大的科学支撑。

三、加快量子物理赋能药物研发的建议

基础研究和技术创新是推动药物研发进步的关键因素。跨学科合作、数据共享、研究基础设施的自动化以及人工智能技术的应用,都是现代药物研发的重要发展趋势。然而,这些方面的进步仍面临着多方面挑战,包括跨学科沟通、数据隐私保护、实验效率和数据质量、高性能计算资源扩容以及顶层设计等。基于晶泰科技相关研发及产业化实践,我们提出以下建议,供有关方面参考。

(一)强化基础研究与技术创新,推动产学研一体化

量子物理的计算方法在药物研发中的应用受限于跨学科合作的不足。量子物理、计算化学和生物学等领域之间的交流和协作不够深入,导致量子物理原理在药物研发中的应用不够广泛,算法创新和技术应用的步伐缓慢,这限制了研发过程中计算效率和精度的提升。

为促进基础科学与技术创新的深度融合,需重点支持跨学科合作,尤其在量子物理、计算化学、分子生物学和药物化学等领域。通过这种合作,可以促进基于量子物理原理的计算方法在药物研发中的应用,加速算法创新,提升计算效率和精度,从而缩短药物研发周期,降低成本。建立产学研协同平台,不仅能将学术研究成果转化为工业应用,还能为学术界提供工业界的实际问题和数据,引导科研方向。

(二)构建数据共享生态,强化隐私保护技术

在药物研发中,数据共享对于加快研究进展至关重要。然而,由于知识产权和患者隐私保护等问题,研究机构和制药企业在共享关键实验和计

算数据时面临挑战。此外,由于技术成熟度不足,部分隐私保护技术(如同态加密和差分隐私)尚未广泛应用,这将限制数据共享的范围和深度,影响量子物理计算方法在药物研发中的有效利用。

建议建设一个安全的数据共享生态系统,使研究机构和制药企业能够在保护知识产权和患者隐私的基础上,共享关键的实验和计算数据。采用先进的隐私保护技术,确保数据分析过程中的安全性和隐私保护水平。这样的数据共享机制能够帮助构建更大的数据集,增强机器学习模型的预测准确性和泛化能力。

(三)加大布局创新研发基础设施,提升数据质量与效率

量子物理的计算方法对输入数据的质量有很高要求,但现有实验基础设施无法提供足够高质量的生物学和化学数据。高通量实验技术和自动化实验平台尚未普及、数据重复性和准确性难以保证等问题限制了量子物理算法在药物研发中的应用潜力。

建议优先发展先进的高通量实验技术和智能化、自动化实验平台,快速产出海量高质量生物学和化学数据,为量子物理算法及垂直领域大模型提供充足的输入。通过自动化和机器人技术改进实验流程,减少人为误差,确保数据的可重复性和准确性。结合实验自动化与计算自动化,形成从数据生成分析到算法模型迭代优化的一体化闭环工作流程,显著提升研究效率,加速数据的有效利用。

(四)整合前沿 AI 技术,聚焦垂直大模型开发,增强计算能力支持

量子物理的计算方法在药物研发中的应用需要强大的计算支持,包括人工智能技术的整合和高性能计算资源的投入。目前,药物研发领域还未能充分整合先进的 AI 技术(如生成式预训练模型,即 GPT),进而得到各种垂直大模型,且对高性能计算资源的投入不足。这些因素限制了对复杂 AI 垂直大模型和大规模计算需求的支持,从而影响药物研发流程的自动化程度和效率。

建议整合最新的人工智能技术,开发创新的药物发现算法和垂直领域大模型,使其能够从海量未标记数据中自学习和提取关键特征。同时,加大对高性能计算资源的投入,包括传统的 CPU 和 GPU 集群,以及潜在的基于量子物理的计算资源,确保支持复杂 AI 模型和大规模计算需求。利用 AI 技术提高药物研发流程的自动化程度,加快药物设计和筛选,降低成本,提高研发成功率。此外,结合新兴的量子信息技术,如量子模拟,可模拟微观粒子的量子行为,有望与现有量子物理的计算方法相结合,更好地为药物研发提供支持。

（五）完善顶层设计,制定伦理规范和法规框架

基于量子物理的计算方法在药物研发中的应用带来了知识产权保护、数据安全和隐私、伦理审查、公平性和可及性,以及国际合作与标准制定等一系列挑战。这说明顶层设计还有改进空间,基本伦理规范及相关法规框架需要完善,包括标准化、伦理指导、监管适应性提升,以及公众参与和透明度增强,以确保量子物理技术在药物研发中的安全、有效和公正应用。

建议在中央有关部门指导下成立跨学科委员会,成员包含高科技企业、高校和科研机构等社会各界的量子物理学家、药物研发专家、伦理学者和法律专家,共同制定针对量子科技在药物研发中应用的伦理规范和法规框架。该委员会应定期评估量子技术的最新进展,确保伦理规范和法规框架与技术发展同步更新,同时推动相关法规的国际协调与合作,为量子科技在药物研发中的应用提供强有力的政策支持和法律保障。

第9篇　布局后量子密码技术 构筑网络信息安全屏障①

报告核心内容

当前,量子计算演进迭代正加速突破传统网络信息防御屏障,恐致数十亿设备面临更替风险,将对国家安全和经济社会正常运行带来长期威胁。国际云安全联盟已将 2030 年定为量子威胁时限(Q-day),量子安全迁移仅剩 6 年时间。2023 年,美国发布《量子准备:向后量子密码迁移》指南,率先推动后量子密码标准化并公布第一批标准草案,而我国仍缺乏有效应对后量子威胁的战略举措。本文详细分析了量子计算带来的安全风险与向后量子密码迁移的各种挑战,总结了国内外的量子准备情况,最后提出我国宜尽快制定后量子迁移行动计划,加快相应基础设施升级维护,有序化解供应链风险,构筑有效网络信息安全屏障。

量子计算是新一轮科技革命和产业变革的前沿领域。近年来,具备抵

①　本文于 2023 年 9 月份撰写报送,编入本书过程中做了适当调整。撰写人:李泓(中国电子信息产业发展研究院集成电路研究所产品与系统研究室工程师)、解楠(中国电子信息产业发展研究院集成电路研究所产品与系统研究室副主任、高级工程师)。

抗量子计算机攻击能力的后量子密码得到主要国家的高度重视,美国已发布多项后量子密码迁移的战略、政策和法规,其技术研发和产业化位于全球前列。相较之下,我国后量子准备进程迟缓,应加深重视量子计算可能带来的密码技术应用风险,以保障关键信息基础设施网络安全为目标,尽快在国家层面统筹开展后量子密码研发和迁移计划。

一、后量子时代网络信息安全的风险点

(一)量子计算演进迭代可轻易破解传统加密机制,对国家安全、社会信用、人民财产构成巨大威胁

量子计算机正快速发展,凭借强大算力有望解决大规模复杂数学问题,对网络新安全构成两大严重威胁:一是"先存储后破译(SNDL)"窃取公共互联网信息,这是当前全球共同面对且亟待解决的最紧迫威胁。此类涉密信息具有长期价值,包括政务文件、财务记录、知识产权、医疗记录等,但通常使用量子易损密码技术加密,被窃取保存后待通用量子计算机产生即可进行解密。二是足够规模的量子计算机通过量子算法可破解基于RSA(非对称加密算法)和ECC(椭圆曲线加密)的现代公钥密码体制,涉及国防、金融、能源、物联网等国家命脉行业。大型量子计算机可轻松破解RSA和ECC密钥,伪造数字签名,对安全网络浏览、零信任架构和加密货币等构成风险。[①] 加拿大风险管理组织"全球风险机构"(Global Risk Institutions)的调研显示,60%的主流科研人员和企业研发人员认为,在20年内量子计算机将可以在24小时内破解RSA-2048算法。兰德公司的预测更为悲观,大约再过10年左右,主流非对称密码算法将会被量子计算机破解。虽然通用量子计算机规模化应用时间难以预计,但量子算法正高速

---

① Joseph, D., Misoczki, R., Manzano, M. et al. Transitioning organizations to post-quantum cryptography[J]. Nature, 2022(605):237-243.

演进,软硬件融合发展对网络信息系统安全的冲击态势愈发明显,量子安全迁移迫在眉睫。

（二）后量子密码系统迁移面临时间和供应链挑战,抵御量子威胁时不我待

后量子密码（PQC）是可以抵御已知量子计算攻击的下一代公钥密码方案,可保障未来量子环境下的通信安全。PQC 主要包括四类,即基于格的密码、基于编码的密码、基于多变量方程式的密码、基于哈希的签名。[①] PQC 作为国际主流抗量子技术路径,可嵌入传统通信基础设施,但将当前密码系统向后量子密码迁移面临两大挑战。一是向新密码系统过渡需要大量时间。一方面,PQC 与传统算法差异较大且与现有加密系统不兼容,广泛应用需要几十年时间。另一方面,国家关键基础设施研发使用周期长,需从设计伊始匹配 PQC 加密方案。我国国密算法的大规模推广使用周期为 10 年,因此完成关键信息基础设施等后量子密码迁移至少需要 10年,这一过程涉及后量子密码算法的研发、标准制定、产品认证、小范围试点和大规模推广等。二是向 PQC 迁移带来供应链挑战。PQC 接入传统设备需要更多的电力补给和内存配置以提供更高算力,小型分立设备（如传感器、智能电表等）难以匹配,或将涉及数十亿设备的更换升级,对早期PQC 迁移构成供应链限制。[②] 美国网络安全和基础设施局评估后提出,工业控制系统由于硬件更换周期长且地理分布较广,其后量子密码迁移面临的挑战将比其他领域更大。从目前看,PQC 解决方案占全球密码学市场仅约 2%,中短期仍以混合加密架构为主要技术路径。根据行业出版物《量子科技内幕》（*Inside Quantum Technology*）的测算,预计到 2029 年,后量子密码软件和芯片市场规模将达到 95 亿美元。

---

① 赛迪研究院.应对量子计算挑战需积极推进后量子密码研发和迁移[EB/OL].（2023-04-24）[2024-02-18]. https://docs.qq.com/polf/DVW/uVnNZefBqVmRS?.

② 光子盒.哈佛旗下智库发布《抗量子密码技术》报告[EB/OL].（2023-06-26）[2024-01-04]. https://new.qq.com/rain/a/20230626A087GK00.

（三）美欧以技术引领和战略准备构建信息护城河，对我国后量子时代网络安全步步紧逼

美国引领后量子网络安全转型，即将完成后量子密码标准化进程，并着手向后量子加密标准迁移。技术层面，早在 2016 年，美国国家标准与技术研究院（NIST）启动 PQC 算法标准计划，在公钥加密、密钥封装机制和数字签名三大类产品向全球征集方案，目前已完成三轮评选，选定 4 种算法作为新密码原语，预计 2024 年第四轮评估后完成标准化进程，并提供第一批抗量子威胁的工具。战略层面，2022 年《量子网络安全准备法案》制定了将政府信息迁移到后量子加密技术的路线图。2023 年新版《国家网络安全战略》也将防范量子网络攻击作为一项战略目标，提出政府应增加对后量子密码迁移的有关投资，广泛更换容易被量子计算破坏的硬件、软件和服务。政策层面，2022 年 8 月，美国网络安全和基础设施安全局发布《关键信息基础设施向后量子密码迁移的新见解》，对美国 55 类关键信息基础设施向后量子密码迁移的紧迫性进行了分析。2023 年，美国网络安全与基础设施安全局、美国国家安全局和 NIST 联合发布《量子准备：向后量子密码迁移》指南，制定相应路线图并鼓励企业尽早规划向后量子加密标准迁移（见表 1）。[①]

表 1　美国推进后量子密码迁移举措

1. 提出后量子密码迁移目标	《关于促进美国在量子计算领域的领导地位，同时降低易受攻击的密码系统风险的国家安全备忘录》提出，到 2035 年，大幅降低量子计算对现有密码技术应用体系的安全威胁

---

① CISA，NSA，NIST. Quantum Readiness：Migration to Post-Quantum Cryptography［EB/OL］.（2023-08-21）［2024-01-31］. https://www. cisa. gov/sites/default/files/2023-08/Quantum%20keadiness-Final-CLEAR-508c%20%283%29. pdf.

续表

2. 梳理易受量子计算机攻击的 IT 系统清单	(1)《量子计算网络安全防范法》要求白宫管理和预算办公室、网络安全和基础设施安全局进行协作,在法案公布 180 天内制定 IT 系统向后量子密码迁移指南,以此明确各联邦机构易受量子计算机攻击的 IT 系统清单、需优先迁移至后量子密码的 IT 系统特征、研究后量子密码迁移方案 (2)《关键信息基础设施向后量子密码迁移的新见解》提出,网络安全和基础设施安全局已对 55 类关键信息基础设施向后量子密码迁移的紧迫性进行了分析。同时提出,加快推进"提供互联网信息服务""提供网络身份管理和信任服务""提供网络安全保障"等类型关键信息基础设施向后量子密码迁移非常关键,是其他类型系统后量子密码迁移的基础
3. 指导联邦机构 IT 系统向后量子密码迁移	《量子计算网络安全防范法》要求,在美国国家标准与技术研究院发布后量子密码标准一年后,白宫管理和预算办公室应发布指导意见,要求各联邦机构将"清单"中的系统迁移至后量子密码
4. 营造良好的后量子密码研发和迁移环境	(1)《备忘录》提出加强对有关人才培养,将量子信息和相关网络安全知识列入各级学校教学课程 (2)《备忘录》提出加强量子信息和相关网络安全领域的国际合作。截至 2022 年底,美国已与法国、英国、芬兰、瑞典等国签署了量子信息科技合作的联合声明 (3)《量子计算网络安全防范法》《备忘录》均提出要做好联邦机构 IT 系统后量子密码迁移过程中的成本开支预算

赛迪智库整理,2023 年 11 月

　　欧盟在 PQC 研究领域取得显著进展,正加紧制定后量子迁移行动计划。在 NIST-PQC 第二轮算法征集的 26 个 PQC 算法方案中,超过 20 个由欧洲主导参与。[①] 此外,欧洲电信标准协会(ETSI)成立了"量子安全密码工业标准工作组"负责 PQC 算法的征集、评估以及工业标准的制定,该组织每年发布一本"量子安全白皮书",用于公布后量子密码研究的最新进

---

　　① 张然,李丽香,彭海朋. 后量子密码的发展趋势研究[J]. 信息安全与通信保密,2023(3):64-81.

展。欧盟在战略上已确立后量子密码技术的重要性,在 2020 年底发布的新《网络安全战略》中,量子计算和后量子加密确认为实现网络弹性、技术主权和安全引领,以及推进全球和开放网络空间的关键技术。2023 年 7 月,欧洲政策中心发布《欧洲量子网络安全议程》,专门提出制定欧盟量子转型协调行动计划。

二、我国后量子迁移亟待快速跟进

(一)战略层面,我国尚无应对后量子密码迁移的战略备案

在战略规划上,我国尚未制定后量子迁移行动计划,未来网络信息安全面临严峻风险。当前应对量子威胁存在两条路径,除利用 PQC 算法增强现有加密系统外,还可通过量子密钥构建完全安全的量子保密通信网络。我国量子通信全球领先,对量子密钥相关研究高度重视,体现在国家战略、科技布局、产业规划等多方面,目前已率先构建天地一体化广域量子保密通信网络雏形。但现有量子网络基础设施建设涉及光纤网络、量子卫星、量子密钥分发(QKD)系统等,短期内实现全面布局难度较大,关键核心技术有待突破,难以应对当前的 SNDL 紧迫威胁。反观后量子密码路径,主要基于软件技术,其成本较低且易于迁移和维护,短期内部署更具性价比、灵活性和即时性,但我国在政策层面重视不足。

(二)技术层面,我国 PQC 研究进程落后话语权较为薄弱

我国在 PQC 标准化研究中起步较晚,当下还未开展明确的标准化公开征集工作,近年来主要通过中国密码学会举办的算法设计大赛推动理论与应用技术发展,路径相对单一,特别是算法不可破译性与欧美相比差距较大,后量子密码加速器难以实现跨系统、跨平台的高度兼容,导致国际话语权较为薄弱。我国该领域发展仍具一定潜力,在 NIST-PQC 算法征集

活动中,中国科学院牵头设计的 LAC 算法入选 NIST 第二轮 PQC 密码算法名单。在"PQC＋QKD"融合应用方案上,我国研究团队给出了突破性进展,并获得现网验证。

(三)人才层面,国际竞争加剧突显我国 PQC 人才严重匮乏

后量子密码学和量子密钥分发原理不同,前者以密码学人才为主,后者以物理学人才为主,这带来各国对人才培养的显著差异化。在国际未来产业竞争日益加剧的情况下,技术路径的不同本质上是量子计算机和后量子算法带来的密码攻击与守护的持续对垒。美国算法人才基础坚实,后量子算法快速进展,得益于对 PQC 人才培养的提前布局,而我国人才培养的着力点始终聚焦在量子密钥分发,导致在后量子密码迁移的紧迫形势下人才严重缺失,产业发展呈现无米之炊的态势。

三、对策建议

(一)瞄准国际动向和技术趋势,制定我国后量子迁移行动方案

明确 PQC 迁移工作方案和优先事项,面向涉及国家安全和经济社会发展的重点行业、重点领域、重大设施,加快 PQC 加密方案迁移应用,进一步增强加密灵活性和创新性。开展全国性量子漏洞排查工作,特别是党政机关、金融行业、能源交通、教育系统等领域,梳理形成抗量子攻击系统资产清单,鼓励企业自主开展量子漏洞排查,为有序实施迁移工作夯实基础。结合过渡时间轴,积极做好后量子迁移供应链准备。

(二)瞄准后量子信息安全生态,构建开源协同的研发创新能力

提升后量子迁移自主可控能力,加大对 PQC 和经典加密系统、PQC 和 QKD 的融合应用研究。参考美国 NIST 的制标方式与流程,确立我国后量子密码标准制定模式。加大企业和研究机构的合作力度,推进 PQC

增强的开源软件库建立,促进加密标准向新算法迁移。围绕风险度量、实用部署和功能测试制定我国 PQC 标准,敦促企业在新签或续签产品合同中提供量子安全条款。遴选后量子密码解决方案优秀典型案例,并在各地区、各行业进行试点示范和推广应用。鼓励建设后量子密码有关开源社区和开源项目,汇聚更多技术创新和产业化应用力量。加大培养本土量子网络安全团队,并形成较为稳定的人才梯队。

(三)瞄准国家安全和经济发展,加强抗量子风险普适宣传

落实总体国家安全观,结合网络强国建设的实际需求,加大对量子信息特别是后量子迁移知识的全社会普及,避免颠覆性技术引发的排斥和恐慌,着力提升国家整体抗量子风险能力。提升政府智库和行业咨询从业人员对该领域的决策咨询支撑能力,持续性动态跟踪技术演进、社会舆论、热点事件等重要方向,为决策者提供科学准确的量子威胁态势研判。

第 10 篇　加紧破解量子材料前沿技术瓶颈①

报告核心内容

量子科技有望成为未来重大技术范式变革和颠覆式创新应用的新基点,极大改变世界科技创新格局,美国、澳大利亚等主要发达国家和欧盟都已纷纷制定雄心勃勃的量子研发计划。量子材料是量子科技发展的根基,也必将是凝聚态物理、粒子物理、材料科学、量子信息科学等多领域交叉融合的桥梁,抢先发展量子材料,有望助力我国量子信息产业迅速成长,并在信息安全、生物医药、能源材料等领域产生颠覆性应用。为此,本报告建议加强量子材料体系化布局,完善量子材料产业化政策,强化量子材料人才队伍建设,实现量子材料从跟踪到引领的根本性转变。

物质材料是人类文明发展的重要基础,量子材料研究领域的兴起是人类对物质世界的探索深入微观层次的自然结果。量子材料是指一类物质

---

① 本报告于 2023 年 10 月份撰写,受到决策部门重视,编入本书过程中做了适当内容调整。撰写人:吴伟(浙江大学中国科教战略研究院副研究员)、冯家浩(时为浙江大学中国科教战略研究院研究助理)、王柏村(浙江大学机械工程学院研究员)、赵月嘉(浙江大学公共管理学院博士生),同时咨询了王大伟(浙江大学物理学院研究员)、胡慧珠(浙江大学先进技术研究院/光电科学与工程学院教授)、金潮渊(浙江大学信息与电子工程学院研究员)、景俊(浙江大学物理学院教授)等专家。

中,微观粒子的相关行为会产生如超导、电荷有序等现象,并产生与基本粒子不同属性的新粒子。量子材料的研究起源于对强关联电子系统的研究,但后来扩展到包括拓扑绝缘体和范德华材料等。这些量子材料通过量子波动或纠缠效应在表面或界面上展现出了新奇的量子特性与量子优越性,提供了对物质行为的全新认识,并为开发新型量子科技器件和技术提供坚实的基础。量子材料汇聚了凝聚态物理、材料科学、计算机科学甚至粒子物理等传统学科领域,在量子传感、量子计算和量子信息等方面有着巨大应用潜力,是打开未来量子科学技术与研究的关键一环。

一、量子材料是实现量子科技领先布局的关键

考虑到当前量子科技的发展现状与趋势,要实现量子科技的产业化应用将面临巨大挑战,而量子材料对于量子科技的"0"突破具有不可替代性,主要表现在以下三个方面。

(一)量子材料是体现"量子优越性",支撑量子硬件发展的关键

量子材料通过微观粒子的结构与特性发挥量子优势,其产生的物理现象和现有材料完全不同,且无法通过经典模型来解释。过去几十年来,各量子技术的硬件平台已达到了不同的成熟度,使"量子优越性"得到了有效证明。例如,量子计算机在运算速度和算法复杂度上大幅度超越了经典计算机,量子通信由于其量子纠缠效应和不可克隆的安全特性保证了通信的绝对安全,而量子传感器则将高灵敏度、高空间分辨率和小尺寸的优势完美结合在一起。上述功能实现需要对底层材料进行更复杂的控制,即量子科技领域的进一步发展很大程度上取决于材料科学、材料工程和新制造技术的重大进步,以提高量子材料光学和自旋相干、减少物理性质的不均匀分布,使量子比特与环境相连接,并实现可扩展性。

（二）量子材料应用面广，是推动量子科技产业能级提升的关键

正如经典计算机硬件在 20 世纪成为材料科学和工程领域的最重要研究方向，如今量子科技的爆炸式发展也使量子材料制造与技术迎来巨大风口。例如超导体有望发展出新一代低功耗信息技术，相关研究已 5 次获得诺贝尔物理学奖，其应用与产业化已涵盖医学（核磁共振）、物理学（高能粒子加速器）、集成电路、室温超导等多个领域。2023 年诺贝尔化学奖花落"量子点"。目前量子科技已广泛应用于显示、光催化、医疗等多个领域，其有较大潜力继续在生物成像、传感器、太阳能电池等场景落地。

（三）量子材料实现技术范式转变，成为高新前沿领域换轨超车的关键

量子材料有许多已知的性质，但若要实现特定目的，仍需深度剖析其基本原理。发现新的量子材料，并将现有量子材料重新组合，也许会导致全新类型的量子材料产生，进而成千上万倍地提升计算与能源效率。量子计算突破摩尔定律的趋势将成为未来主流，率先掌握量子材料核心技术，就能率先转化科学研究范式，未来将掌握更大国际话语权。

二、我国量子材料发展的主要瓶颈

量子材料的一大鲜明特点是与实际应用需求密切相关，从根本上推动技术进步和产业变革。目前我国在量子材料的多数分支领域均进行了长期布局，已形成较大的覆盖面，在研究队伍规模、测量设备条件、理论认知深度等方面都已具备较强的国际竞争力。如铁基高温超导、外尔半金属、拓扑材料数据库以及新型二维材料的发现等；同时，我国还成功研制了 10 千伏和 35 千伏三相同轴交流高温超导电缆，并分别运用于深圳和上海高负荷密度供电区域，系全球首次城市核心区域实用化应用；此外，我国在自主研制二维结构超导量子比特芯片的基础上，成功构建了包含 62 个比特

的可编程超导量子计算原型机"祖冲之号",实现了量子优越性并为后续研究具有重大实用价值的量子计算打下了基础。总体来说,在量子材料与应用前沿领域,我国已实现了研究"量"的突破,并在一些分支领域做出了引领性的工作,但还没有实现主流方向上的大面积领先,标志性的原创工作还不显著,量子科技产业化运转还不够顺畅。同时,受国际形势影响,在一些细分领域仍然面临"卡脖子"风险。

(一)关键核心技术尚未完全自主可控,基础研究仍待夯实

量子材料是制约我国量子通信和量子计算进一步发展的瓶颈,国际科技界已开始从机理、制备、检测到应用全方位布局,在超导材料、多铁性材料、拓扑量子材料、量子传感材料、量子点发光材料等材料研发上取得明显突破。如美国于 2022 年发布《将量子传感器付诸实践(Bringing Quantum Sensors to Fruition can be found)》,将量子传感器等量子材料的重要应用列为了国家发展战略,而我国目前材料科学的发展尚未有效支撑量子器件的设计、表征、制备和评估的需求。我国量子材料基础研究的相对落后,导致量子信息领域部分关键材料核心技术还存在短板。此外,人工智能驱动的材料科学,以及极端条件下新的测量和建模能力亟待突破。

(二)量子材料技术门槛高,产业生态运转不畅

发达国家正加速推动量子材料的落地应用,如以超导磁体和超导电缆为核心的应用已全面进入商业化阶段。相较而言,我国量子材料的应用探索与产业培育仍处于起步阶段,在体系化协同创新能力、材料企业的创新主体作用和材料"产学研用"一体化平台建设等方面均有较大提升空间。此外,产业管理和政策体系亟待完善,多元应用场景开发、协同发展模式形成等方面也需要进一步推进。目前大部分量子材料相关研究都是出自高校或科研院所,尚未达到产业化标准,产学研用运转受限。

(三)量子材料国际竞争加剧,面临禁运风险

各国将量子材料作为提升国家科技实力、维护国家安全的重大战略选

择,正加紧投入布局量子材料领域。如日本计划新设"量子功能创制研究基地"以研发最先进的量子材料,再如 2023 年 3 月发布的《北约科学技术组织 2023—2043 年趋势报告》明确将量子材料研究置于突出位置。2023 年 8 月,美国 DARPA 宣布新的合成量子纳米结构计划,旨在开发合成超材料,以增强量子信息科学的功能和新能力。当前,拜登政府对我国量子领域禁令加码,使我国量子科技领域所需关键材料、核心器件、高端仪器设备正在面临越发严重的禁运风险。

三、破局量子材料制约的相关建议

我们注意到,国内不少省份已经在开展量子技术及产业布局。2023 年 11 月 15 日发布的《江苏省加强基础研究行动方案》将量子科技纳入"战略导向的体系化基础研究",并重点提及要布局量子材料、超导量子计算与固态量子模拟、量子保密通信、量子芯片、量子传感与精密测量等细分领域。未来,应加强领域总体规划,完善宏观布局,逐渐减少一些重复性的研究,鼓励深层次、长期系统的原创性研究;充分发挥大科学装置与国家实验室的作用,完善专业人才队伍建设;鼓励发展新的计算方法和软件、自主研发尖端实验设备,提高开创性研究的能力,带动量子材料产业化迅速进步。

（一）加强体系化布局,实现从跟踪向引领材料科技前沿的根本转变

一是面向世界科技前沿,适度超前布局未来发展架构。加强基础研究投入,围绕新一轮科技革命的变革方向,强调科学前瞻和技术引领,打造原始创新策源地。借鉴"DARPA 研发模式",构筑一支精尖的战略科学家团队,加快在国家层面制定量子材料发展规划,统筹解决量子材料领域战略性、方向性、全局性重大问题,科学构建中国原创的量子材料谱系,并研判未来 10～15 年的重大发展需求。

二是加速跨学科交叉,破解关键共性技术。立足人工智能、大数据、物

理学、神经与认知等相关学科的跨界需求,充分发挥交叉研究的助融效应。重点开展材料成分和纯度、减少残余缺陷、靶向掺杂和同位素纯化、增强表面清晰度和优化材料边界界面、先进的材料处理等技术研究,如纳米级蚀刻、混合材料集成等,为我国量子材料领域的发展提供关键共性技术和前沿生长点。

三是面向国家战略需求,建立一流创新集群平台。我国材料科技平台大而不强、全而分散,平台建设策略须从"巡洋舰组合"向"航母战斗群"转变。结合国家在京沪广深地区的大科学装置的战略布局和量子材料产业分布情况,面向国家长远需求布局量子材料国家实验室以及一批国家级研发平台。推动形成发展潜力大、带动作用强的创新型产业集群和科技创新高地。

(二)加快产业化步伐,构建成果转化与产业升级双循环创新生态

一是发挥科技型央企国企研发优势,建设创新联合体。充分发挥央企转制科研院所的行业共性技术平台作用,以央企大型用户需求为牵引,打通量子材料全链条技术创新路线,构建"研发—生产—验证—应用"的协同创新体系及循环迭代创新机制,形成产品迭代升级和高端装备升级相互促进的创新发展模式。

二是着力建设地方实验室,发挥企业创新主体作用。深化企业、科研院所和高校之间的合作,鼓励科研设备的自主研发,开展多种类的仪器研制项目,按照"需求凝练—组织研发—测试验证"研发模式,由龙头企业提出需求,地方实验室根据需求形成重大专项进行支持,并集中创新资源组织研发。

三是建设有公信力的第三方产业联盟,推动共性关键技术联合创新与成果产业化。构建"企业＋平台＋基地"的动态矩阵式创新联合体生态,形成覆盖全链条的公共技术服务平台和资源共享机制,实现上下游之间的产品迭代开发和应用验证,推动量子材料领域关键共性技术向行业辐射。

（三）强化人才队伍结构化培养，形成高质量立体化的教育与人才储备

一是汇聚人才资源，建设立体交叉人才队伍。建立更活跃的跨学科交流网络，鼓励国内不同研究小组之间的深入合作，组建具有不同学科背景的联合攻关团队。在全球范围吸纳聚集一批发挥塔尖效应的科技人才，形成具有较大规模的核心领军人才、研究开发人才、工程技术人才和技能人才组成的立体交叉队伍。鼓励以杰出带头人为引领，建立量子材料不同前沿方向系列创新团队，提高企业技术创新创业人才的水平和比例。

二是加强学科建设，着力培养拔尖创新型人才。重视基础教育，优化学科的课程教育体系，支持各高校采用重点培养、国际合作和大力引进相结合的方式，形成合理的科研人员梯队。从多学科的理论和基于系统的方法出发，加强量子材料的前沿实验室与本科生研究生教学科研基地建设的衔接，建立针对性人才培养体系。

三是加强教育培训，打造高端技术人才队伍。围绕国家战略急需与市场发展需求，有规划地面向工程技术人员开展涵盖量子材料的基本概念、制备技术、性能表征、应用前景等多个方面内容的量子科技教育培训，推动培养一批本土的高端技术人才，为创新链与产业链协同的综合性研发工作开展提供支撑。

第 11 篇　量子通信领域全球行动部署扫描[①]

报告核心内容

作为新一轮科技革命和产业变革的前沿领域,量子信息技术已得到全球广泛关注,其中量子通信更是率先走向实用化的量子信息技术,成为各国努力抢占的战略制高点。目前,我国量子通信稳居国际引领地位,在全球率先建成了星地一体国家广域量子保密通信骨干网络并开展应用,整体领先全球主要国家和地区 3～5 年。2022 年 12 月,中共中央国务院印发《扩大内需战略规划纲要(2022—2035 年)》,提出系统布局新型基础设施,要求"以需求为导向,增强国家广域量子保密通信骨干网络服务能力"。本报告聚焦量子通信,扫描呈现全球主要国家在此领域的战略布局和重大行动。

量子信息科学——包括量子通信、量子计算、量子精密测量等,可以在确保信息安全、提高运算速度、提升测量精度等方面突破经典技术的瓶颈,成为能源、信息、材料和生命等领域重大技术创新的源泉,为保障国家安全

---

① 本报告撰写于 2023 年年底,作者为缪亚军(中国科学技术大学长三角科技战略前沿研究中心智库专家,国科量子通信网络有限公司副总裁,博士)、汤静(国科量子通信网络有限公司职员)、李飞龙(国科量子通信网络有限公司职员)。文中部分资料来自海外机构官网,未一一注明,请读者留意。

和支撑国民经济可持续发展提供核心战略力量。目前,量子信息科学基础已经很好地建立,其科学意义也已得到国际学术界的广泛认可,相关领域有多人获得沃尔夫物理学奖、诺贝尔物理学奖。特别是 2022 年 10 月,诺贝尔物理学奖授予了三位量子信息科学领域的科学家,表彰他们为基于量子信息的新技术扫清了道路。量子通信作为首个从实验室走向实际应用的量子信息技术,是利用量子比特作为信息载体来进行信息交互的通信技术。量子通信有两种最典型的应用方式:量子密钥分发(Quantum Key Distribution,QKD)和量子隐形传态(Quantum Teleportation,QT)。[①] 其中,量子密钥分发已经率先进入实用化阶段。

一、全球主要国家和地区均将量子通信
列入重点发展领域

美国通过立法支持量子科技发展,量子通信是重要领域之一。2018 年 12 月,美国国家量子计划法案(National Quantum Initiative Act)提出实施 10 年"国家量子行动计划",主要聚焦量子通信、量子计算机和超精密量子传感器三大领域。随后,在国家量子计划法案的推动下,美国先后发布多项文件支持包括量子通信在内的量子科技发展。2020 年 2 月,发布了《量子网络战略愿景》,目标是帮助美国将政府、学术界、产业界力量聚焦于促进量子互联网基础发展的领域上;2020 年 7 月,发布《量子互联网国家战略蓝图》,明确提出建成与现有互联网并行的第二互联网——量子互联网[②],并认为基于可信中继的量子网络是量子互联网发展的第一阶段;2022 年 8 月,美国签署了《芯片与科学法案》,明确在 2023—2027 年投入 5

---

① 　北京普华有策信息咨询有限公司. 量子通信行业进入壁垒分析(附报告目录)[R]. 2020-03-06.

② 　中国通信学会. 量子保密通信技术发展及应用前沿报告(2020 年)[R]. 2020-12-04.

亿美元建设量子网络基础设施;2022 年 12 月发布《量子互连路线图》,强调"量子密钥分发是量子通信领域研究最充分的应用"。

欧盟以发展量子互联网为目标,正在部署泛欧量子通信基础设施。欧盟于 2016 年公布了总额超过 10 亿欧元的"量子技术旗舰计划",量子通信是重要内容之一。2020 年 3 月,欧盟发布《量子旗舰项目战略研究计划》,将量子互联网作为长期发展目标,为欧洲公民提供更安全的电信通信和数据存储;2021 年 2 月,发布《关于民用、国防和航天工业协同发展的行动计划》,部署融合量子加密技术的天基全球安全通信系统;2023 年 1 月,启动 Qu-Pilot 计划,目标是升级现有量子基础设施并实现各成员国相关基础设施的互连。目前,欧盟全体成员国正在合力建设泛欧量子通信基础设施(EuroQCI)。

英国将量子技术作为国家战略部署,并明确量子通信领域发展目标。2015 年,英国启动了总额 2.7 亿英镑的"国家量子技术计划",设立量子通信、传感、成像和计算研发中心,开展学术与应用研究,并于 2018 年启动了总额 2.35 亿英镑的第二轮资助计划,主要用于支持量子技术的开发和商业化。2023 年,英国再次发布《国家量子战略》并提出给予 25 亿英镑的政府投资,其中,在量子通信领域提出将通过量子网络实现英国各大城市和地区的互联,实现量子通信的早期商业化,利用量子卫星与其他国际量子网络建立连接并在量子网络相关标准制定方面发挥领导作用,在 2035 年任务结束时开创量子互联网。

我国高度重视并大力支持量子信息领域发展,已将量子通信作为未来产业予以培育。进入"十四五"时期,我国持续强化在量子通信领域的全方位布局。2021 年 3 月,《"十四五"规划和 2035 年远景目标纲要》,要求开展城域、城际、自由空间量子通信技术研发,并在量子信息等前沿科技和产业变革领域谋划布局一批未来产业;2021 年 12 月,《"十四五"国家信息化规划》提出,加强量子信息等关键前沿领域的战略研究布局和技术融通创新;2022 年 1 月,《"十四五"数字经济发展规划》强调,重点布局量子通信等新

兴技术,推动多领域技术融合和群体性突破;2023 年 8 月,《新产业标准化领航工程实施方案(2023—2035 年)》,要求开展量子信息技术标准化路线图研究,提出聚焦量子通信领域,研制量子通信器件、系统、网络、协议、运维、服务、测试等标准;2023 年 12 月,中央经济工作会议明确要求开辟量子、生命科学等未来产业新赛道。

我国不同省市通过具体规划、专项方案等将量子通信作为未来产业或新型基础设施、数字技术等领域的重要内容予以支持。北京市《促进未来产业创新发展实施方案》(2023 年 9 月),明确提出加快量子密钥分发等创新突破,拓展量子通信在国防、金融等高保密等级行业的应用。上海市《新一代信息基础设施发展"十四五"规划》(2021 年 12 月)提出,探索量子保密通信等新技术在五个新城应用,并要求面向新城金融服务、政务专网、送配电等重要设施,开展量子保密通信技术应用;《打造未来产业创新高地发展壮大未来产业集群行动方案》(2022 年 10 月)提出,积极培育量子通信等量子科技产业,推动量子技术在金融、大数据计算、医疗健康、资源环境等领域的应用。① 广东省《"数字湾区"建设三年行动方案》(2023 年 11 月)提出,加快建设粤港澳大湾区量子通信骨干网,实现与国家广域量子保密通信骨干网络对接。重庆市《科技创新"十四五"规划》(2022 年 1 月),将量子通信列入未来通信领域,要求研究城域、城际、自由空间量子通信,以及量子加密、量子安全等量子信息技术应用等。

二、全球主要国家和地区量子通信网络建设与应用情况

从公开信息看,主要发达国家和地区已经或正在加紧实施远距离量子通信干线工程。特别是我国 2013 年启动量子保密通信京沪干线,并在

---

① 吕鑫,黄琳,沈怡.合肥、上海协同开展有组织的基础研究对北京的启示——以量子信息技术领域为例[J].科技智囊,2023(6):7-12.

2018 年进一步部署国家广域量子保密通信骨干网络以来,美国、欧盟、英国、日本、韩国等迅速启动相关工程,一些干线网络已经初步建成并在部分领域成功开展应用。

（一）美国

网络建设层面,2016 年 7 月,美国总统主持的国家科学技术委员会披露:美国国防部陆军研究实验室（ARL）启动了为期 5 年的多站点、多节点的量子网络建设工作。民用方面,美国量子公司 Quantum Xchange 利用量子密钥分发（QKD）和可信节点技术开展量子通信网络建设,并为政府机构和企业提供量子安全加密解决方案。该公司与美国光纤网络商 Zayo 合作,建设沿东海岸连接华盛顿特区和波士顿的总长约 800 公里的美国首个州际、商用量子密钥分发网络,目标是将华尔街的金融市场和新泽西州的后台业务连接起来,帮助银行实现高价值交易和关键任务数据的安全,并计划将服务范围拓展至健康医疗和关键基础设施领域。2018 年 11 月,Quantum Xchange 宣布该网络的第一段（纽约—新泽西州）开始运营。2023 年 9 月,由 Qubitekk 公司提供支持的美国商用量子网络——EPB Quantum Network 正式宣布向用户开放,通过该网络,相关企业和研究人员可以验证量子产品性能、测试新的量子技术、运行量子安全应用程序等。

产业应用层面,美国非常重视量子通信的应用,已经将该技术应用于能源、电信、国防以及金融等众多领域。如,美国量子通信企业 Qubitekk 与橡树岭国家实验室和洛斯阿拉莫斯国家实验室合作,在智能电网外场环境中部署了 QKD 系统,以保护关键能源传输基础设施的安全性,并计划逐步扩大在美国国家电网系统的部署范围;美国知名电信运营商 Verizon 在华盛顿特区开展了量子通信试点,利用 QKD 技术实现了三个节点的实时加密和视频传送;世界第三大军工生产厂商——美国 Northrop Grumman 宣布与英国量子安全公司 Arqit 合作,共同探索量子保密通信技术在国防及国家安全领域的应用;美国空军与 Arqit 合作将量子加密技

术应用于国防领域；量子公司 Quantum Xchange 正在与私人太空通信公司 CommStar 合作，利用 QKD 技术保护地月通信基础设施的网络安全。

（二）欧盟

网络建设层面，目前，27 个欧盟成员国正在合作建设泛欧量子通信基础设施（EuroQCI），目标是建立包含地面和天基量子通信网络的、覆盖全欧的量子通信基础设施。2019 年 9 月，EuroQCI 的先导工程——开放式量子密钥分发项目（OPENQKD）启动，计划建成 1000km 的 QKD 网络，并在 12 个欧洲国家部署 16 个测试平台开展用例测试，2023 年 3 月该项目顺利建成。此外，从 2021 年 11 月开始，欧盟即提出倡议，由每个成员国建设各自国家的量子通信基础设施（QCI），并逐步将其汇聚到一起，目标是在 2027 年形成 EuroQCI。当前欧盟正在通过数字欧洲计划对成员国量子通信基础设施项目给予资金支持。

产业应用层面，OPENQKD 项目在 12 个欧洲国家完成了用例测试，涵盖了能源、医疗、电信网络、云数据中心、智能电网、电子政务等多个领域。在能源领域，日内瓦公用事业公司（SIG）在 OPENQKD 项目中分别在其智能电网和安全数据中心备份业务中部署使用 QKD 技术，保护其发电站—电网运营中心，以及数据中心之间的数据安全传输。在医疗领域，2020 年 12 月，量子安全存储解决方案开发商 fragmentiX、Graz 医科大学、Graz 第二医院基于欧盟 OPENQKD 项目平台，利用 QKD 技术保护医疗数据的传输安全。

（三）英国

英国分别于 2019 年和 2021 年完成了连接布里斯托、剑桥、南安普顿和伦敦大学学院的国家量子保密通信网络（UKQN）和伦敦量子城域网的建设，正在工业、医疗、国防、银行和物流等领域开展应用。在工业领域，英国电信（BT）作为 UKQN 和伦敦量子城域网的主要建设单位，与日本东芝完成了首次量子安全网络的工业部署，在英国国家复合材料中心（NCC）和

建模与仿真中心(CFMS)之间建立了 QKD 加密连接,确保远程制造数据实时共享的安全性,为传统制造业的数字化转型奠定了基础;在 5G 领域,BT 将 QKD 技术应用到数据分级安全传输场景;在金融领域,汇丰银行与 BT 合作,利用伦敦城域网探索量子密钥分发技术在金融交易、安全视频通话等场景中的应用。

(四)中国

网络建设层面,2013 年 7 月,国家发改委前瞻部署了全球首条远距离光纤量子保密通信干线——"京沪干线"。京沪干线建成后,2018 年 2 月,国家发改委正式批复新一代信息基础设施"国家广域量子保密通信骨干网络"。2022 年 9 月国家量子骨干网全线贯通,2022 年 12 月顺利通过验收,其干线东起上海、西达川渝、南到海南、北至黑龙江,覆盖京津冀、长江经济带、粤港澳等国家战略区域,总里程超过 10000 公里;部署北京、上海、广州、重庆等 6 个卫星地面站,与"墨子号"、量子微纳卫星互联,初步建成了星地一体广域量子保密通信骨干网络,具备了将量子安全能力辐射至境外的能力。我国星地一体广域量子保密通信骨干网络布局如图 1 所示。

产业应用层面,依托国家量子骨干网,量子通信新技术应用场景初步探明,已在金融、政务、能源等领域成功应用,并得到用户的认可。金融领域,为保障支付系统的报文传输安全,中国人民银行清算总中心依托国家量子骨干网,实现北京、上海和无锡三地数据中心之间的量子密钥分发与更新。2021 年 8 月,中国人民银行清算总中心发表《量子密钥分发技术在支付系统中的应用实践》,对该应用的安全性、经济性给予肯定与好评。民生银行、工商银行等部署了基于 QKD 的密钥基础设施服务方案,并于2023 年 11 月入选"2023 年度上海市优秀密码应用解决方案"。政务领域,为加强电子政务外网信息安全防护能力,海南省大数据管理局在国家信息中心的支持下,依托星地一体国家量子骨干网实现了电子政务国家 CA 中心和海南省级政务 RA 之间的跨域安全互联,有效支撑了海南省政务网络

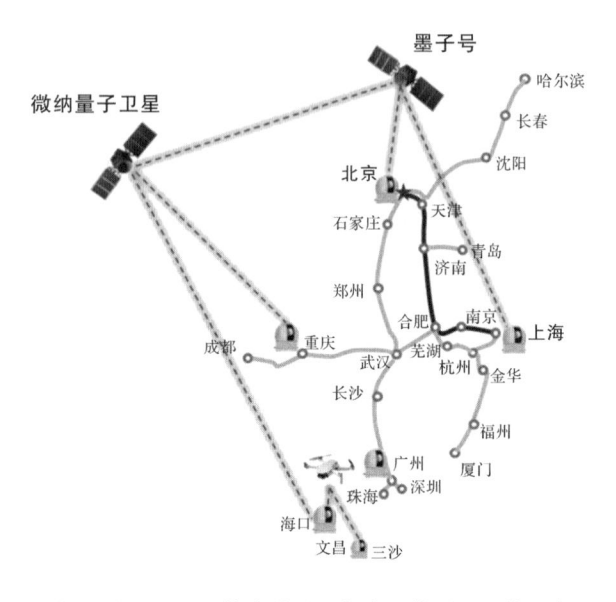

图 1　我国星地一体广域量子保密通信骨干网络示意

与国家中心之间的信息安全传输。在云领域,我国开发了基于量子密钥分发网络的密码应用系统和融合量子通信技术的云平台,促进了量子通信与经典密码、ICT 体系的融合。其中,基于量子密钥分发网络的密码应用系统入选重庆市"优秀网络安全产品和技术名单",融合量子通信技术的云平台获首届"华彩杯"算力应用创新大赛算力赛道三等奖。

　　此外,其他国家也在量子通信领域有所部署,日本发布了《量子网络白皮书》,计划 2030 年左右建设覆盖日本全境的星地量子网络;韩国发布"数字新政(digital new deal)"计划,正在推进建设总长约 2000 公里的量子密钥分发网络;德国启动了 QuNET 大型量子通信项目建设,计划到 2026 年左右分三个阶段建立德国量子通信基础设施的中心平台,为政府等关键领域服务,并为建设量子互联网奠定基础等。

三、总结与展望

(一)我国在量子通信实用化产业化领域处于引领地位

我国在全球建立了首个星地一体量子骨干网络,具备率先性、先进性,相较于欧盟、英国等国家和地区的广域量子基础设施总体领先约3~5年。建设规模方面,国家量子骨干网建设里程超过10000公里,而欧盟量子通信基础设施、美国建设的首个州际商用量子网络等均在千公里和百公里级别;先进性方面,国家量子骨干网率先实现环网保护和星地组网,在密钥生成速率方面遥遥领先,以京汉广段为例,成码率超过16kbps,大幅领先于英国2021年建成的剑桥—布里斯托尔的量子通信网络成码率(2.7kbps),意大利量子通信骨干网络佛罗伦萨段成码率(4.5kbps)。我国国家广域量子保密通信骨干网络与国外相关广域量子基础设施的基本情况对比见表1。

表1 国家广域量子保密通信骨干网络与相关广域量子基础设施对比[①]

对比项(率先性、经济性)		里程	覆盖城市	实施周期
国家广域量子保密通信骨干网络		10000公里	71个	2018—2022
欧盟泛欧量子通信基础设施(建设中)	整体工程	数千公里	欧盟成员国	2018—2027
	先导工程	1000公里	12个	2019—2023
对比项(先进性)		成码率	环网保护	星地组网	运营保障

对比项(先进性)		成码率	环网保护	星地组网	运营保障
国家广域量子保密通信骨干网络(以京汉广段为例)		≥16kbps	具备	具备	自研运营运维系统,构建7×24小时服务体系
其他国家	英国(剑桥—布里斯托尔)	2.7kbps	不具备	不具备	未见相关公开报道
	意大利(佛罗伦萨段)	4.5kbps	不具备	不具备	

---

① 缪亚军,李明翰,王宇舟.国标《量子保密通信应用基本要求》简析及其应用[J].上海信息化,2023(12):33-37.

（二）天基量子通信网络是实现全球量子通信的重要手段

天基量子通信网络是利用卫星等作为中继扩展量子通信距离的方式，通过连接地面站，可以形成覆盖全球的量子通信网络，使得远距离量子密钥分发和安全信息传输成为可能。

目前，我国已经率先发射了世界首颗量子科学实验卫星"墨子号"和微纳量子卫星"济南一号"，表明广域量子通信技术已初步具备实际应用条件，同时也为我国搭建低成本、实用化天地一体化量子保密通信网络奠定了重要基础。相关工作的成功开展使我国成为国际同行的标杆，一些发达国家相继开始实施天基量子通信计划。欧空局计划于 2024 年发射量子通信卫星"Eagle-1"，英国正在联合新加坡推进量子卫星项目 Speqtre，加拿大空间局计划与霍尼韦尔公司合作在 2024 年发射量子卫星 QEYSSat。由此可见，在天基量子通信领域的竞争越发激烈，为保持我国的全球领先地位，应当继续面向实用化开展新技术、新应用探索，如搭建中高轨量子卫星实验平台，建立包含卫星系统、科学应用系统、地面支撑系统、测控系统等的中高轨量子卫星工程系统并进行万公里全天时量子通信实验；在低轨平台上，组建由多颗卫星组成低轨量子密钥卫星网络，为我国乃至"一带一路"共建国家的数字经济安全发展保驾护航。

（三）规模化应用是将设施优势转化为产业胜势的关键途径

目前，世界主要国家和地区在建设量子通信网络的同时，也在以产业发展为目标推进量子通信应用试点，希望抢占量子通信产业制高点。我国在该领域处于世界领先地位，不仅率先在全球建成了量子通信骨干网，应用于金融、政务、能源、医疗等行业，还在量子通信的标准化方面积极布局。例如国家密码管理局、工信部等相关行业主管部门已经围绕量子密钥分发产品技术规范、产品检测规范、网络架构、接口技术、系统测试方法等颁布了多项量子通信标准。特别是，2023 年国家市场监督管理总局（国家标准化管理委员会）正式发布了首个量子通信领域国家标准《量子保密通信应

用基本要求》，从标准层面为数据中心备份、政企专网、电信网络、移动终端服务等应用场景提供了指引。

在此背景下，推进国家量子通信骨干网规模化应用，充分发挥其作为新一代信息基础设施的基础性、战略性作用，是将我国量子通信设施优势转化为产业胜势的有效途径。例如，通过以国家广域量子保密通信骨干网为基础，搭建面向学术机构、科研院所、产业链相关企业等的开放式的广域验证和测试平台，开展各类新技术研发和相关设备测试工作；研究出台量子保密通信应用推广配套政策，通过给予用户补贴、税收优惠等支持，促进量子保密通信技术、产品和设施在相关领域的应用，促进产业创新和协同发展。

第12篇 国内互联网企业剥离量子业务事件分析[①]

报告核心内容

2023年11月,阿里巴巴宣布裁撤量子业务,并将实验室捐赠给相关研究机构,引发国内外、行业内和社会间广泛关注。本报告分析认为,量子计算基础研究属性过重、持续规模性投入过大、产业化难度过高仍是当前技术和产业发展的主要特点。长远看,该事件有利于提升我国量子计算资源整合效率和产业链自主可控能力。

过去十年间,量子信息初创企业数量经历了一轮爆发式增长,量子计算是创新创业热点。但近两年来初创企业数量与投融资规模增长明显放缓,一方面有全球疫情、经济衰退和美元加息等宏观层面影响,另一方面也有量子计算等初创企业技术产品和投资收益未达市场预期等具体原因。2023年11月26日,阿里巴巴达摩院宣布,为进一步推动量子科技协同发展,达摩院将联合浙江大学发展量子科技;达摩院将量子实验室及可移交

---

① 本文于2024年1月份撰写报送,编入本书过程中做了适当调整。撰写人:解楠(中国电子信息产业发展研究院集成电路研究所产品与系统研究室副主任、高级工程师)、李泓(中国电子信息产业发展研究院集成电路研究所产品与系统研究室工程师)。

的量子实验仪器设备捐赠予浙江大学,并向其他高校和科研机构开放。[①] 2024 年 1 月 3 日,百度量子计算研究所又传出变动消息,称其旗下量子实验室及可移交的量子实验仪器设备将赠予北京量子信息科学研究院。[②]

一、国内互联网企业裁撤量子业务深层剖析

(一)从宏观环境看,互联网企业裁撤量子实验室是经济不振下的常规战略调整

当前全球经济形势严峻,互联网企业盈利缩减、业务萎缩,开源节流主题下,剥离短期商业场景不明的战略业务是企业常规经营调整,量子计算便成为优先选择。一是长期无法创收难以支撑持续性研发投入。量子计算技术本身仍面临量子比特稳定性、纠错等问题,产业化发展处于"婴儿"阶段,距离专用、通用量子计算机仍有较大距离。相比初创公司可以通过融资获取研发资金,阿里、百度等互联网巨头的量子资金主要通过自己"输血"[③]。自 2017 年以来,阿里量子投入已达数亿美元。技术演进仍需持续性高额投入支撑,短期内无法创收形成反哺研究的有机循环。

二是市场竞争加剧削弱技术优势。国内互联网巨头布局量子计算较晚,基础研究薄弱,团队规模有限,始终跟随国际科技巨头技术路线。阿里比照 IBM 聚焦大规模超导量子芯片+高规格纠错操作系统,百度效仿谷歌成立量子人工智能实验室,但与国外巨头相比,无论技术水平、应用探索还是生态营造上都已形成难以弥合的巨大差距。2017 年阿里与 IBM 的量

　　① 光子盒.阿里巴巴裁撤量子实验室[EB/OL].(2023-11-24)[2024-02-20].https://mp. weixin.qq.com/s/xwzAHyCMzkiN9 PRTz1cbHA.
　　② 清华大学智能法治研究院.百度继阿里之后裁撤量子计算实验室:实验室及设备将捐赠其他研究机构[EB/OL].(2024-01-03)[2024-01-30].https://mp.weixin.qq.com/s/f9XRyTjmdBerWH AWuNw1Lg.
　　③ 量子客.阿里、百度先后撤销量子计算实验室,量子寒冬来了吗?[EB/OL].(2024-01-03) [2024-01-30].https://mp.weixin.qq.com/s/YYxz3uRviwsGPJ5vXQQNlg.

子比特数对比为 10∶20,6 年后 IBM 发布超过 1000 比特的量子计算机,而阿里、百度的量子比特数仍停留在 25 以内,腾讯、华为更是没有关于量子计算机的公开消息发布。此外,近年来国内一批量子计算初创公司相继崭露头角,内外夹击下互联网企业量子优势不再,撤出量子业务也是必然趋势。

三是过度炒作和夸大承诺加速泡沫破裂。过去几年媒体过度鼓吹量子计算机已显示"量子优势",行业关注与资本热度迅速攀升,我国互联网巨头趁势布局量子计算。阿里发布 15 年路线图,但并未实现阶段性目标,百度以"全球首个"全平台量子软硬一体解决方案进行舆论造势,但硬件方面只有 10 比特量子计算机,且性能指标与同业竞争者存在一定差距。①相比 IBM 按照路线图稳步前行,国内企业夸大承诺动摇投资者信心,企业不得不及时止损。从整体上看,国内互联网大厂的技术水平、投资规模、团队规模等均有限,裁撤量子计算部门对我国量子计算发展并无根本性影响。

(二)从中美形势看,研究资源向高校/科研院所转移是美制裁打压下的灵活应变

近年来,美针对量子计算、人工智能、半导体等领域先后实施出口管制和对华投资限制,打压力度持续加码。一是关键设备零部件"卡脖子"带来技术发展瓶颈威胁。欧美已对 $400\mu W$ 以上的稀释制冷机进行出口管制,导致我国超导量子计算难以向 20 比特以上规模扩展。2023 年 11 月,阿里成功研发 22 比特超导量子芯片"荷花",可能是阿里裁撤量子团队的潜在原因。百度也在 2022 年底宣布完成了一款 36 比特含耦合器超导量子芯片的设计和仿真验证,并计划进行流片,但一直没有发布流片成功的消息,可能与制造量子芯片所需的电子束曝光机和分子束外延等设备遭遇禁

---

① 光子盒.百度捐赠量子实验室深度解读,"搅局者"沦为"出局者"[EB/OL].(2024-01-03)[2024-02-20].https://mp.weixin.qq.com/s/JD_ZgDvmIQ_I1vrypWPKWQ.

运有关。

二是业务校企分离是有效规避制裁风险的路径探索。阿里、百度作为互联网巨头中率先摘取阶段性量子果实者,此次将量子实验室及可移交的量子实验仪器设备分别捐赠浙江大学和北京量子信息科学研究院,并将部分团队纳入相关机构,或有意利用两大机构的创新平台进行产品孵化,将量子计算机中的硬件部分交由高校和科研院所继续推进,而算法、软件、系统部分作为互联网企业常规优势由企业继续承担,既能有效分散量子计算研发风险,也能巧妙躲避美对我量子企业的制裁打压。

三是撤离中美激烈竞争赛道以免影响主要业务全球布局。阿里云计算、百度人工智能等主要赛道正受到美芯片制裁影响,去年海外上市的阿里巴巴放弃分拆云计算部门上市计划导致其市值下跌 200 亿美元,后续也存在登上实体清单的风险。此次将量子业务向高校转移,一方面撤出当前中美科技竞赛的热门赛道,进而避免遭受美进一步制裁打压,另一方面也可能是企业试水为其他业务寻找规避制裁的发展路径。

(三)从量子行业看,暂时回归基础研究是深度契合量子计算演进路线的理性选择

近十年来量子计算整体处于基础科研阶段,虽然在量子化学、机器学习等领域报道过一些简单用例,但未产生实际作用,未来十年的应用发展仍不明朗。因此,量子计算暂时回归科研单位是企业对量子技术的理性评估。我国基础研究体系企业主体地位不突出,互联网大厂无论在资金实力、科研底蕴还是人才聚集上都无法比拟 IBM、谷歌、微软等国际科技巨头。国内企业需同步考量技术创新和商业模式的可持续性,在量子计算实用场景和商业价值长期不明背景下,暂时交由高校和公立科研机构运行是明智之举。

其次,软硬"两张皮"制约互联网企业自主研发和产业化推进。量子计算机采用基于量子力学的全新架构与计算范式,软硬件研制需要从零探

索、相互支撑、配合发力。但国内互联网企业布局,除阿里相对重视软硬件一体化开发,百度、腾讯、华为将主要精力放在构建与硬件无关的软件堆栈,利用经典 CPU、GPU 构建量子模拟器并开发量子算法,脱离硬件的研发路径严重限制量子计算发展空间。此外,产业配套能力不足导致阿里在硬件自主研发过程中也遭遇诸多挑战:自建硬件实验室与中试线带来额外资金压力,制造超导量子芯片必需的低温电子技术国内尚处于研究初期,工艺特殊叠加规模较小令国内半导体制造企业不愿为其专门开辟生产线进行流片。这凸显出完善量子计算产业协同发展模式的迫切性:以高校/科研院所为创新核心,量子领军企业为产业延伸,政府支持促进资源流动。

二、事件效应研判

(一)跨界布局量子计算门槛将进一步提升

阿里巴巴作为国内互联网领军企业,剥离量子计算业务对其所在互联网行业及量子计算领域的地位影响较大。从短期看,事件一定程度上降低了量子计算的热度,但有助于夯实产业发展基础。一方面表明量子计算具有极高的技术门槛,难以短期内通过资本炒作兑现盈利,有利于引导资本市场回归理性。同时,量子计算基础研究仍有大量问题尚未解决,需要研究机构长期钻研,完全依靠资本的力量无法实现。另一方面,警醒科技领军企业对前沿领域的布局思考,需符合具体技术特点和发展规律,特别是对量子计算等颠覆性技术,要保持与研究机构深度合作,探索容错机制,小步快跑、久久为功。

(二)量子计算资源要素配置将进一步优化

量子计算正处于产业化发展初期,高校、科研院所、各类企业踊跃布局,快速推进技术由实验室走向应用。量子计算属于高耗资领域,技术路

线的多元化极易导致企业重复投资、盲目采购,加速抢占行业发展先机,造成行业资源利用效率低下,产业分工不明确。当前,国内量子计算技术和人才主要集中在研究机构,孵化建立的初创企业在多条技术路径上取得了显著成果。相比之下,互联网企业跨界进入,往往采用"烧钱"模式不断"挖人""囤设备",一方面造成高校人才流失,另一方面也引发美对我产业发展的防备。事件有利于明确各主体在产业分工中的战略角色,形成发挥各自优势分工协作的健康发展局面。

(三)补齐产业链供应链"卡点"能力将进一步增强

我国量子计算专用设备、材料、零部件、芯片多从海外进口,为企业跨界进入该领域带来风险,但同时也带来难得发展机遇。随着量子计算技术不断成熟,未来将吸引更多企业布局该业务,对国内供应链安全提出更高要求,特别是超大型稀释制冷机、4.2K脉管制冷技术、低温测控芯片、高速驱动电路芯片、电子束曝光机等"卡脖子"环节将加速攻关。所以从长远看,事件对企业跨界布局颠覆性技术提供了应对国外制裁的解决方式范例。

三、政策建议

(一)筑牢基础研究根基,有序实施"量子计算十"应用示范

明确量子计算的基础研究定位,国家层面加大科研项目支持力度,鼓励高校、科研院所、企业积极申报、联合申报,夯实高校、科研院所基础研究能力,有力拉动企业基础研究地位提升。加快超导、光量子、离子阱等重点方向实验室建设,鼓励开展物理、数学、人工智能、计算机等学科与量子计算交叉研究,建立有效的部际协同机制,增加企业基础研究资源供给,研究部署更多政策工具,下大力气破解企业基础研究能力低下难题。面向智慧

城市、电子政务、金融等领域,适度超前布局"量子计算＋"应用示范项目,更好地吸纳产业和市场力量,推动量子计算的应用导向型研究。

（二）畅通校企合作渠道,结合优势开展自主研发和协同创新

探索建立特色"政—企—校"创新合作机制,由政府和骨干企业共同出资,打造量子计算创新联合体,对外以高校为名从事基础研究,对内以企业为形实施经营运作,内外以政府为纽带实现要素流通。共同建设量子计算中试验证平台,积极导入国产设备、材料和零部件,协同攻关关键共性技术,完善产学研创新机制。推动"量超融合、量智融合、量网融合"加快发展,提升量子计算服务能力,促进产业发展。

（三）强化产业服务能力,多措并举护航量子计算企业发展壮大

建立量子计算产业引导基金,鼓励已有产业基金面向量子等未来产业设立子资金,增加风险投资比重。加大中小企业和初创团队培育力度,健全企业孵化体系,支持量子计算前沿研究和重大科技成果"沿途下蛋",促进科研、金融、产业高水平良性循环,帮助量子计算企业快速成长,有序推动企业成为量子科技研究的中坚力量。支持互联网企业进行技术承接,有序推动技术实用化反哺研发投入,减轻企业研发成本。加强量子信息技术标准顶层设计规划,统筹推进国家量子信息技术标准体系建设。加强企业知识产权保护,探索实施量子信息技术专利导航项目,建立量子计算专利快速审查通道。鼓励产业集聚区域引进人力资源、法律、咨询等机构,着力保障企业的政策服务、人才引进等方面需求,及时化解企业运营风险。

第13篇　中美量子计算领域竞争格局①

报告核心内容

　　发展量子计算对于推动科技进步、提高生产效率、保障国家安全等方面都具有重要的现实意义。从量子计算的竞争态势来看，中美双方现均已实现量子优越性，美国量子计算全面领先，中国处于第一梯队。中美均对量子计算进行顶层布局，注重量子计算领域人才培养，加大政府投资，美国还制定了量子计算发展路线图，构建创新生态系统。本报告还从论文发表、专利产出、研发机构分布、研究进展等方面对中美双方量子计算科研能力进行了对比。量子计算发展仍存在量子纠错技术不成熟、无法实现无误差的量子计算，以及量子结果的读取和大数据的输入限制量子计算机应用、量子计算技术对网络安全造成威胁等方面的挑战。

　　当前，量子信息技术成为全世界瞩目的新兴技术焦点，点燃了"第二次量子革命"，将对世界经济、社会进步和人类生活产生深刻影响。2022年诺贝尔物理学奖授予了阿兰·阿斯佩、约翰·克劳泽和安东·蔡林格，以表彰他们在"纠缠光子实验、验证违反贝尔不等式和开创量子信息科学"方

---

① 本报告于2023年下半年撰写。撰写人：朱相丽（中国科学院文献情报中心副研究员）。

面所做出的贡献。作为量子信息中最重要技术之一的量子计算,正在逐步走出实验室,创造巨大商业价值。当前,大量新议题和项目对计算机设备的计算能力提出了更高要求,而量子计算优越性为此提供了革命性的解决路径,受到世界主要国家和科技企业广泛关注。

一、量子计算的竞争态势

(一)全球竞争加剧,中美均已实现量子优越性

美国正依靠其数字巨头推动量子技术发展。2019 年 10 月,谷歌开发的一款 54 位量子比特的超导量子芯片"Sycamore"(悬铃木)对随机量子线路采样 100 万次只需 200 秒,标志着美国率先实现了量子优越性。[①] 2023 年 12 月,IBM 推出具有 1121 Q 的 IBM Condor 量子处理器,是迄今为止发布的最大的基于超导的量子处理器,为扩展到完全纠错、互连、超过 100 万量子比特的量子计算机奠定了基础。

中国的高校和企业一同发力助推量子技术发展。2020 年 12 月,中国科学技术大学成功研制出"九章"光量子计算机的原型机,完成高斯玻色取样只需要 200 秒,这使得中国成为全球第二个实现"量子优越性"的国家。2021 年 7 月,中科大研制出的 66 量子比特"祖冲之二号"计算复杂度比谷歌"悬铃木"提高了 6 个数量级,并实现了量子优越性。2023 年 7 月,中科大实现了 51 个超导量子比特簇态制备和验证,刷新了所有量子系统中真纠缠比特数目的世界纪录,对于多体量子纠缠研究、大规模量子算法实现以及基于测量的量子计算有重要意义。同时,中国互联网公司也集中发力量子计算领域,腾讯建立量子实验室,并于 2020 年宣布对该实验室计算基

① Frank A. , Kunal A. , Kyom B. , et al. Babbush R. et al. Quantum supremacy using a programmable superconducting processor [J]. Nature, 2019, 574(7779): 505-510.

础设施投资超过 700 亿美元，主要用于开发量子技术；2022 年，百度推出搭载 10 个量子比特超导量子芯片的第一台超导量子计算机"乾始"，以及量子软硬一体化解决方案"量羲"；2022 年 11 月，华为公开了全新超导量子芯片专利技术。

（二）产业链初步形成，美科技巨头处于行业领先地位

中美两国在量子计算产业链的发展方面都取得了一定的进展，但均仍处于发展初期，还需进一步加强研发实力和技术突破。美国在量子计算产业链的各个环节都有不少的企业和研究机构参与，包括硬件研发、软件算法、应用开发等。截至 2021 年 7 月，美国量子信息技术私营企业约有 182 家，主要集中在量子计算、量子测量和量子通信领域，其中量子计算最多。美国量子技术最高性能的原型系统也主要集中在量子计算领域。其中，IBM、谷歌、微软等科技巨头在量子计算机硬件方面进行了大规模的研发，并推出了多款量子计算机产品。同时，美国也在量子计算应用方面进行了大量探索，包括生物医药、人工智能等领域。目前 IBM、谷歌、亚马逊、微软、英特尔、霍尼韦尔等科技巨头处于行业领先地位，IonQ、Rigetti、PsiQuantum 等量子计算新贵已获得数亿美元的风险投资，实力同样雄厚。

中国的一些研究机构和企业已经成功研发出了多款量子计算机，并在智慧交通、金融等领域进行了应用。国内科技巨头腾讯、华为等也在跟进，但领先的量子计算公司主要是以本源量子、国盾量子等为代表的依托高校的公司。中国其他企业处于量子信息技术研发的边缘地位，风险投资水平只有美国的 3%，仍有较大提升空间。

二、量子计算的战略布局

（一）中美均进行顶层布局，加大政府投资

美国 2018 年底通过《国家量子倡议法案》，计划 5 年投资 12 亿美元，

以巩固量子信息技术领域的领先地位。2019 年以来,4 年合计实际投资 27.91 亿美元,远超过最初的计划金额。2019—2022 财年 5 个量子信息的组成部分(PCA)[①]分别获得的预算[②]中,量子传感和计量、量子基础科学、量子计算获得的预算最多。其中,量子计算的预算增幅最大,从 2019 财年排名第三变为 2021 财年、2022 财年排名第一。2022 年量子计算预算约为 9 亿美元。

中国“十四五”规划中,明确提出要瞄准人工智能、量子信息、集成电路等前沿领域,实施一批具有前瞻性、战略性的国家重大科技项目。各省级行政区域积极响应,20 多个省级行政区域将量子科技纳入“十四五”规划。国家专门设立量子信息领域专项,并建立高能级科技创新平台,在公共投资方面处于全球领先地位。

(二)美国制定发展路线图,构建创新生态系统

美国《国家量子倡议法案》中提出了“量子计算国家计划”,并提供协调美联邦机构工作框架(2018)。该法案允许美国建立新的量子研究中心,促进与日本等国际合作项目,并与谷歌等数字巨头建立合作关系,构建量子生态系统。美国发布《引领未来先进计算生态系统:战略计划》(2020),提出了构建未来的先进计算生态的愿景。2022 年 5 月,IBM 发布了最新的量子计算路线图,引发行业关注。科技巨头间的激烈竞争,有力推动了量子计算技术的加速发展。Google、IBM、Intel、Microsoft、Honeywell、Amazon 相继加入,产业巨头基于雄厚的资金投入、工程实现、软件控制能力,积极开发原型样机产品,构建产业联盟和产业生态,对量子计算研究成果转化和应用加速发展助力明显。

---

① 美国 QIS 包括 5 个项目组成部分(PCA):量子传感和计量(QSENS)、量子计算(QCOMP)、量子网络(QNET)、推进基础科学的量子信息科学(QADV)和量子技术(QT)。

② National Science & Technology Council. National Quantum Initative Supplement to the President's FY 2022 Budget[R/OL]. (2021-12-10)[2022-10-11]. https://www.quantum.gov/wp-content/uploads/2021/12/NQI-Annual-Report-FY2022.pdf.

（三）中美均注重培育人才，美国更重视知识普及

中国教育部 2021 年将量子信息科学纳入本科新增设专业。美国与领先的 IT 公司建立国家 Q-12 教育合作关系[①]，在初、高中创建教育内容并开展推广活动，拓宽社会获取量子计算知识的途径。2022 年 2 月，美国发布了《量子信息科技人才培养国家战略规划》，旨在促进先进技术教育和推广，培养下一代量子信息科学人才，以填充量子科学领域的就业缺口。[②]

三、中美量子计算科研能力对比

（一）研究产出

（1）量子计算领域的 SCI 论文产出。中国基础研究成果数量优于美国，但在高水平论文方面，美国处于绝对领先地位。2013—2022 年，量子计算领域 SCI 论文总计 30228 篇，中国 SCI 论文数量（8774 篇，29.03%）位居世界第一，自 2017 年以来均领先于排名第二的美国（8295 篇，27.44%）。2013—2022 年量子计算领域 SCI 论文中美对比如图 1 所示。

2013—2022 年，量子计算领域前 1% SCI 论文总计 838 篇，美国拥有 463 篇（55.25%），排名世界第一；中国拥有 154 篇（18.38%），排名世界第二。10 年来前 1% SCI 论文的所属机构中，发文量排名前 20 位的共有 13 家美国机构，包括高等院校（10）、科研院所（1）、政府机构（1）、企业（1），加州大学、麻省理工学院、美国能源部、哈佛大学高水平论文均超过 60 篇，分别位于第一至第四位。对比之下，仅有 2 家中国机构进入全球前 20 位

①　QIS K-12. National Q-12 Education Partnership［R/OL］.（2021-12-1）［2022-10-12］. https://q12education. org/.

②　The White House. Quantum Information Science And Technology Workforce Development National Strategic Plan［R/OL］.（2022-02-02）［2023-4-12］. https://www. whitehouse. gov/wp-content/uploads/2022/02/02-2022-QIST-Natl-Workforce-Plan. pdf.

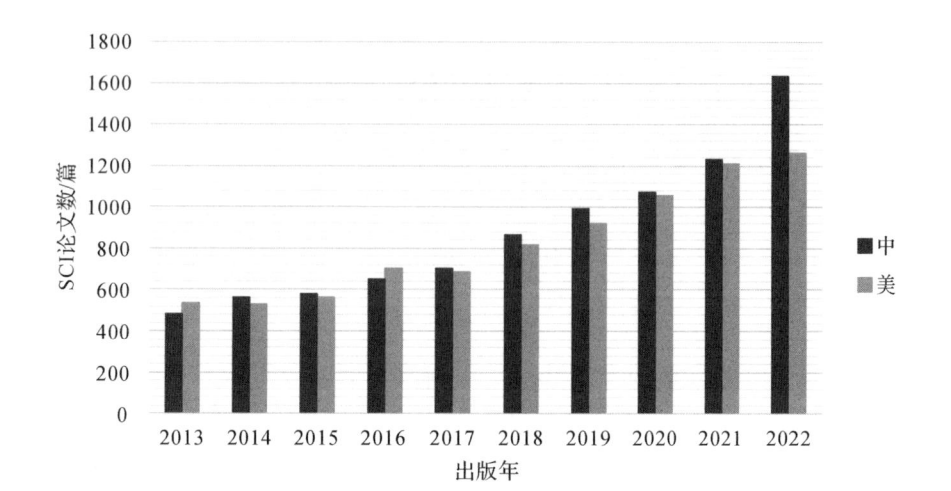

图 1 2013—2022 年量子计算领域 SCI 论文中美对比

（1 家科研院所、1 家高等院校），分别是中国科学院（56 篇，排名第五位）与中国科学技术大学（34 篇，排名第十九位），如表 1 所示。

表 1 量子计算领域前 1% SCI 论文主要中美机构（2013—2022 年）

排名	机构名称	所属国家	机构类型	前 1% 论文数（篇）	所占份额
1	加州大学系统	美国	高等院校	84	10.02%
2	麻省理工学院	美国	高等院校	77	9.19%
3	美国能源部	美国	政府机构	72	8.59%
4	哈佛大学	美国	高等院校	69	8.23%
5	中国科学院	中国	科研院所	56	6.68%
7	马里兰大学	美国	高等院校	50	5.97%
8	马里兰大学帕克分校	美国	高等院校	49	5.85%
11	谷歌公司	美国	企业	44	5.25%
12	加州理工学院	美国	高等院校	42	5.01%
12	普林斯顿大学	美国	高等院校	42	5.01%
12	加州大学圣芭芭拉分校	美国	高等院校	42	5.01%

续表

排名	机构名称	所属国家	机构类型	前1%论文数（篇）	所占份额
17	美国国家标准与 技术研究院	美国	科研院所	38	4.54%
18	斯坦福大学	美国	高等院校	36	4.30%
19	中国科学技术大学	中国	高等院校	34	4.06%
19	加州大学伯克利分校	美国	高等院校	34	4.06%

（2）量子计算领域的专利产出。中国技术创新成果数量优于美国，但在高价值专利方面，美国处于绝对领先地位。2013—2022年，量子计算领域发明申请量总计5914件，中国申请数量（2696件，45.58%）位居世界第一，领先于排名第二的美国（2270件，38.38%）。美国的申请高峰出现于2021年，中国的申请高峰年尚未到来，如图2所示。

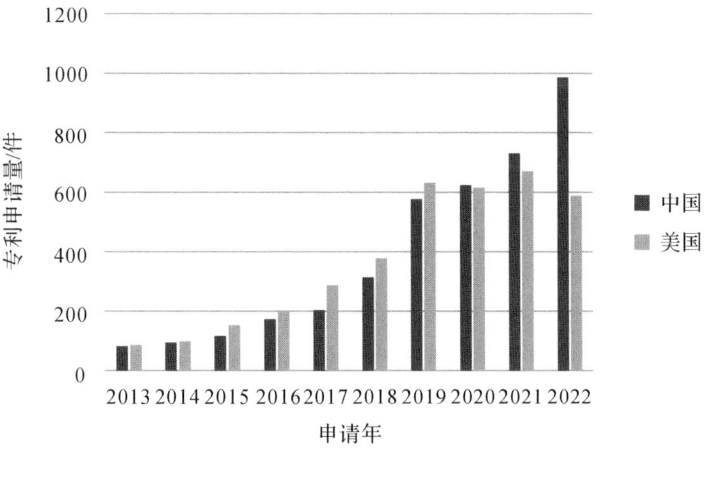

图2   2013—2022年量子计算领域专利申请中美对比

2013—2022年，量子计算领域高价值专利（Incopat合享价值度为10）总计1776件（2024年5月数据），美国拥有1264件，占所有美国申请专利数量的55.68%，占世界份额的71.17%，排名世界第一；中国拥有123件，仅占所有中国专利申请数量的4.56%，占世界份额的6.93%，排名世界第二。

10 年来高价值专利的申请人中,申请量排名前 20 的共有 17 个美国申请人,包括企业(15)、银行(2),其中 IBM 公司高价值专利超过 100 件,位列第一。对比之下,仅有 1 家中国机构进入全球前二十,即合肥本源量子计算科技公司(11 件,排名第十九位)。如表 2 所示。

表 2　2013—2022 年量子计算领域高价值专利主要中美申请人

排名	申请人名称	所属国家	类型	高价值专利数量(件)	所占份额
1	IBM 公司	美国	企业	163	9.18%
2	微软公司	美国	企业	96	5.41%
3	Intel 公司	美国	企业	80	4.5%
4	Google LLC	美国	企业	76	4.28%
6	rigetti 计算公司	美国	企业	48	2.7%
7	IonQ 公司	美国	企业	27	1.52%
8	1QB 信息技术公司	美国	企业	26	1.46%
9	红帽公司	美国	企业	25	1.41%
9	富国银行	美国	银行	25	1.41%
11	亚马逊技术公司	美国	企业	24	1.35%
12	Zapata Computing 公司	美国	企业	23	1.3%
13	埃森哲全球解决方案公司	美国	企业	20	1.13%
14	美国银行	美国	银行	16	0.9%
15	Quantum 公司	美国	企业	15	0.84%
15	Rigetti LLC	美国	企业	15	0.84%
18	英特尔公司	美国	企业	12	0.68%
19	PsiQuantum 公司	美国	企业	11	0.62%
19	合肥本源量子计算科技公司	中国	企业	11	0.62%

(二)研发机构

从学术发表看,美国量子计算领域的研发机构除企业外主要为高校和

国家实验室。加州大学伯克利分校领导的当前和未来量子计算量子飞跃挑战研究所,设计先进的大型量子计算机,为当前和未来的量子计算平台开发高效的算法,并最终证明量子计算机优于经典计算机。布鲁克海文国家实验室牵头量子优势协同设计中心,旨在克服噪声中尺度量子计算机系统的局限性,实现高能物理、核物理、化学和凝聚态物理科学计算的量子优势。劳伦斯伯克利国家实验室牵头的量子系统加速器中心,在科学应用中提供经过认证的量子优势所需的算法、量子设备和工程解决方案,基于中性原子、俘获离子和超导电路的先进量子原型与专门为不完美硬件构建的算法配对,展示科学计算、材料科学和基础物理学中每个平台的最佳应用。伊利诺伊大学厄巴纳香槟分校领导混合量子体系结构和网络量子跃迁挑战研究所,构建小型量子处理器的互联网络,并测试其实际应用的功能。

我国汇聚高校、科研院所、企业三方力量协同开展量子信息领域的研究。我国科研体系主要包括量子通信、量子计算和量子传感三个领域,成立了国家级量子创新研究单元。中国科学院成立了量子信息与量子科技创新研究院,按照国家实验室的体制机制和运行模式进行建设,联合国内其他科研院所、高校、企业等开展协同研究,为组建量子信息科学国家实验室创造条件、奠定基础。我国量子信息领域主要研发机构还包含中国科学技术大学、浙江大学、清华大学等高校,中国科学院等相关科研院所,以及国盾量子、本源量子、玻色量子等企业。

（三）研究进展

美国多条路线并行发展量子计算机,发展高效量子纠错技术,在基于硅自旋的量子芯片研发生产、提升离子阱量子计算机性能、量子计算云服务、基于量子计算机提高电池效率等方面取得重要进展。(1)2019 年,微软推出开放云量子计算服务计划 Azure Quantum,用户能访问多种量子计算后端,包括具有离子阱、拓扑量子位等量子比特的量子硬件,也包含经典计算与量子计算混合的量子计算架构等。(2)2020 年,致力于研发离子阱

量子计算机的初创企业 IonQ 宣布推出具有 32 个量子比特的计算机,且门误差极低。若使用 IBM 提供的衡量量子计算机性能的行业基准量子体积(QV)衡量,IonQ 量子计算机的 QV 超过了 400 万。(3)2022 年,英特尔基于极紫外(EUV)光刻技术制造生产硅电子自旋器件,硅自旋量子比特数量达到 12 个,晶圆良率达到 95%,这意味着硅自旋量子比特芯片已非常接近量产,是朝着商业量子计算机所需的数千甚至数百万量子比特迈出的关键一步。(4)谷歌量子人工智能(Quantum AI)研究团队实现"量子霸权",其 53 位超导量子计算机悬铃木(Sycamore)花费约 200 秒完成传统超级计算机要 1 万年才能完成的任务。2023 年,该团队通过实验证明了可以通过增加量子比特的数量来降低计算错误率。展示了未来开发更高效量子纠错技术的基本思路。(5)哈佛大学和威斯康星大学麦迪逊分校的两个研究团队分别展示了如何在中性原子体系构建多量子比特量子电路,这是在中性原子体系上实现实用、可扩展量子计算机的关键一步。

我国在光量子比特和超导量子比特两种物理体系都实现了量子计算优越性,超导量子计算纠错研究取得进展,超导和光子量子计算硬件研发上发展较好,并已成功开发量子计算的化学应用软件。2020 年,中国科学技术大学潘建伟、陆朝阳等组成的研究团队与中科院上海微系统所、国家并行计算机工程技术研究中心合作,构建了 76 个光子的量子计算原型机"九章",实现了具有实用前景的"高斯玻色取样"任务的快速求解。该量子计算系统处理高斯玻色取样的速度比目前最快的超级计算机快 100 万亿倍。2021 年,合肥本源量子计算科技有限责任公司自主研发国内首个量子计算化学应用系统软件 ChemiQ,开创了国内量子计算化学研究的先河,ChemiQ 依托 QPanda 量子软件开发包,使用真实或模拟量子计算机来计算分子能量和结构、计算化学反应、模拟势能曲线、模拟动力学轨迹等。

四、量子计算面临的挑战

(一)量子纠错技术不成熟,无法实现无误差的量子计算

虽然物理量子位的操作对噪声很敏感,但是可以在量子计算机中运行量子纠错来校正量子计算。如果没有量子纠错,像肖尔算法这样复杂的程序就不太可能在量子计算机上准确运行。但是执行量子纠错需要更多的量子位,使得计算机的开销增大,这虽然对于无错误的量子计算至关重要,但短时间内难以适用。

(二)量子结果的读取和大数据的输入限制量子计算机应用

虽然量子计算机可以使用少量的量子位来表示大量的数据,但目前尚没有一种将大量经典数据快速转换为量子状态的方法。对于需要大量输入的问题,创建输入量子状态所需的时间通常要占据计算时间,并大大降低量子优势。在读取量子计算的结果阶段出现非常高的错误率,会限制量子计算机的应用。

五、简单总结

中美量子计算领域产业竞争激烈,美国量子计算领先地位明确,中国处于第一梯队。中、美在量子计算领域人才培养方面均处于世界领先地位。中美不断增加量子计算领域的投资力度,但研发主体与研发模式不同。美国量子技术部署由私营企业主导,没有明确的技术领导者,量子技术领域公司约有182家,主要关注量子计算。风投是初创公司的重要资助来源。中国量子技术研发主要集中在政府资助的实验室,只有少量的社会会资金投入量子技术的研发,与美国相距甚远。

美国初步构建了量子产业生态,同步推进标准化研究。IBM、Google等美国产业巨头基于雄厚的资金投入、积极开发原型样机产品,构建产业联盟和产业生态,通过不同商业模式展开激烈竞争,对量子计算研究成果转化和应用加速发展助力明显。从企业角度看,大学孵化的初创企业是目前我国量子计算产业化的主力军,而成熟科技企业步入量子领域则相对较晚。

第14篇　美国加快布局量子精密测量技术对我国国家安全的影响①

报告核心内容

量子科技正深度影响全球科技革命和产业变革,量子精密测量作为量子科技的三大细分领域之一,在军事装备、深空深海探测、资源勘探等涉及国家安全的多个领域具有颠覆性应用价值。2022年,美国发布全球首个针对量子精密测量的发展规划并列入国家战略。在国际局势不确定性和地缘政治不稳定性突显的新形势下,一场由量子精密测量引发的国家安全新威胁、新博弈正悄然发生。国内相关科技布局、产业规划、数据管理、特种实验室建设等要素配置不到位,在全球地缘政治局势日益紧张的形势下,海外加强量子精密测量技术布局对我国国家安全造成潜在威胁,因而亟待完善上述要素,以新安全格局保障新发展格局。

量子精密测量利用磁、光与原子的相互作用,打破传统方法中的散粒

---

① 本文于2023年7月份撰写报送,编入本书过程中做了适当调整。撰写人:李泓(中国电子信息产业发展研究院集成电路研究所产品与系统研究室工程师)、解楠(中国电子信息产业发展研究院集成电路研究所产品与系统研究室副主任、高级工程师)。

噪声限制,利用量子资源和效应实现超越经典方法的测量精度,达到海森堡精度极限。2019 年代表精密测量最高水平的 7 个基本物理量的计量基准已经全部实现量子化。作为量子信息技术三大分支之一,其技术发展与产业化进程最快,与国防军事联系最为紧密,是有望最先实现军事应用落地的量子技术。尤其是量子定位、导航和授时(PNT)系统,在 GPS 拒止或挑战性工作环境中,它能实现高精度运行。这种环境包括水下和地下环境以及存在 GPS 干扰的环境,是改变未来战争形态的关键技术之一,能够赋能先进军事装备,催生新型作战理念和作战样式等。[①] 但与量子通信和量子计算相比,我国在该领域的起步较晚,尚未形成专门的系统化发展布局,领先优势不及其他两大领域。2022 年,美国发布全球首个量子测量专项政策——《将量子传感器付诸实践》,进一步抬升本国量子精密测量的全球领先地位。因而,我国应深入分析量子精密测量对国家安全的技术隐忧,明确中外量子精密测量发展态势分析,并出台针对性应对方案。

一、量子精密测量是新形势下国家安全的技术隐忧

(一)量子精密测量是典型的军民两用颠覆性技术

　　量子精密测量是基于量子力学原理的新一代精密测量技术,其目标是实现单量子水平的极限探测、精准操控和综合应用,量子传感器是典型的产品形态。在军用领域,原子钟以 140 亿年不超过 0.1 秒的误差,满足军用通信网络时间同步需求,并为精确制导、同步作战指挥提供高精度时间基准;量子惯性导航,能够减少漂移误差,满足未来高精度、全地域完全自主可靠的导航需求,从而减轻对卫星导航依赖;可穿戴量子脑磁探测设备如安装到士兵头盔中可提高人机交互和数据收集能力,进行实时反馈作战

---

① 刘伍明. 量子精密测量专题·编者按[J]. 中国科学:物理学 力学 天文学,2021(7):5-6.

信息帮助指导作战；量子惯性导航系统能够减少漂移误差，满足未来高精度、全地域完全自主可靠的导航需求，从而减轻对卫星导航的依赖；量子雷达可实现远程反隐身探测，破解隐身飞机作战优势。① 在民用领域，原子钟可实现通信、电力、金融等重点行业的高精度授时，实现区域、站点间的高精度时间同步，对下一步推进电信网、广电网和计算机网三网融合意义重大；量子磁力计在脑磁图领域商业化已相对成熟，为神经疾病的治疗研究提供全面支撑，其非侵入性测试功能对于生物检测和工业检测有重要意义；量子重力仪和量子重力梯度仪，在深地深海资源探测方面也具有广泛应用。量子精密测量当前主要产品与技术路径进展情况见表1。

表1　量子精密测量主要产品与技术路径进展

类别	量子传感器		应用领域	所处阶段	落地时长
量子时频测量	原子钟	微波原子钟	定位导航、网络通信、国防军工（精确制导，作战同步指挥）	商业化	现有
		光学原子钟			短期
	分子钟				短期
量子磁场测量	超导量子干涉器件磁力计		物理科研，生物医学、地磁导航和工业检测	工程样机向商业化过渡	现有
	光泵磁力计				短期
	NV色心磁力计				
量子重力测量	量子重力仪		地球物理探测与资源勘探	工程样机向商业化过渡	短期
	量子重力梯度仪				
量子惯性测量	量子加速度计		量子惯性导航	工程样机	中期
	量子陀螺仪				
量子电场测量	原子天线		通信（特种通信系统性能增强，作战保密通信）	工程样机向商业化过渡	短期
量子探测成像	量子雷达	单光子雷达	气象检测预报、海事监测、国防军事（隐形目标识别）	工程样机	中期
		多光子雷达		理论研究	

赛迪智库调研整理，2023年7月

① 杨扬,冯林,赵文元,等.量子技术及其在军事领域的应用[J].军事文摘,2022,(11):15-18.

（二）量子精密测量是美国打造量子霸权的新武器

相较于量子通信和量子计算，量子精密测量关注度和知悉度较低，但实际产业化进程最快。美国在该领域起步早，研究基础深厚，整体技术实力全球领先。2022 年 3 月，美国国家科学和技术委员会量子信息科学小组委员会发布《将量子传感器付诸实践》的报告，首次打破了全球量子精密测量被量子信息全行业整体规划"打包"的局面，彰显了美企图通过垄断量子精密测量进而打造量子霸权的决心。该报告在 2022 年 2 月俄乌冲突爆发后发布，美充分利用量子精密测量技术，在俄乌冲突中限制俄方军事行动能力：一是对俄断供巡航导弹原子钟的关键部件、制导火箭陀螺仪的电路板等，使俄罗斯新式武器无法获得补充。二是以量子技术为武器遏制俄罗斯先进军事技术研发能力，维持美西方对俄军事优势。量子精密测量当前实用性最高，但与量子通信和量子计算相比，我国不具有明显的技术领先优势，这是中美科技博弈中我国量子科技布局的短板。

（三）量子精密测量从物理原理上突破经典机器和传统武器防御极限

与量子计算和量子通信不同，量子精密测量是逆向利用量子系统对外干扰强烈敏感性的特点，突破经典测量极限精度，实现海森堡极限精度的精密测量能力。一方面可实现对经典机器防御的补充和替代：当前，量子射频探测的实验室灵敏度已达到传统射频天线的 1000 倍以上，频率范围可覆盖战场常用通信频段；量子陀螺仪利用原子自旋特性，精准度是常用微电机陀螺仪的 100 到 1000 倍，辅助卫星系统进行深地深海定位。另一方面可打破传统武器防御的空间、环境及抗干扰局限：量子关联成像能在黑暗、烟尘等极端条件下绘制高清战场图像，与经典光学成像配合使用对全面获取作战信息至关重要；高精度量子磁力计能通过原子干涉对地下军事设施和战场水文环境进行测绘；量子雷达利用量子纠缠原理捕捉微弱信号，既能实现远高于经典雷达的灵敏度，还能够分辨隐形战机发射的干扰信号，抵抗雷达蒙蔽手段。

二、中外量子精密测量发展态势分析

（一）应用场景向国家安全领域快速渗透

全球量子精密测量技术发展迅速，特别是以量子重力测量设备、超导电磁探测系统、量子雷达为代表的终端应用正加速从实验室走向涉及国家安全的多个领域。2022年，英国国家量子技术中心研制的量子重力梯度仪首次实现脱离实验室条件的地下探测，并找到埋在地表下1m的户外隧道，被称为传感领域的"爱迪生时刻"。目前，基于超导量子干涉传感器的时间域海洋电磁系统，已完成浅海域浅层地质特征高分辨成像和深海域大深度探测等海洋勘探任务，有效探测深度超过1km，未来将对深海战略资源开发利用提供强有力的技术保障。[①] 相比之下，国内对涉及国家安全的量子精密测量应用仍未有公开报道。

（二）技术发展与新材料新工艺深度融合

新材料新工艺的交差迭代，正推进量子精密测量技术加速创新。在新材料方面，金刚石极易诱导产生"颜色中心"，可借此实现量子磁力仪电、光、磁控制系统的微型化和集成化。在新工艺方面，冷原子干涉技术通过激光冷却使真空或被困状态下的原子沿特定轨迹自由下落，通过空间相移测量加速度使原子重力仪、原子加速度计和原子陀螺仪成为可能。从整体上看，国内在稀土资源、金刚石材料、冷原子干涉技术等方面与国外相比具有一定竞争筹码。

（三）美国及其盟友对我国高度提防，谋求形成技术鸿沟

一是深度把控关键型号量子传感器。目前美国和加拿大均规定灵敏

---

① 林君，嵇艳鞠，赵静，佟训乾，易晓峰.量子地球物理深部探测技术及装备发展战略研究[J].中国工程科学，2022，24(4)：156-166.

度优于 20pT 的磁力仪对我国严格禁运,航空用高精度铯光泵磁传感器目前只能从加拿大和美国购买。二是关键器件管制阻碍核心产品研发。当前,美国及其盟友在低温组件、超高真空腔、大功率激光器等产品种类均对我国实施出口管制,国内难以实现支撑尖端产品研发所必需的中性原子和超导量子等运行环境和操控手段。三是量子材料断供迟滞核心量子测量技术演进。2022 年 8 月,美商务部工业与安全局发布一项临时性的最终规则,对金刚石材料对华出口实施管制,明确对各种尺寸金刚石单晶衬底以及外延片,均对华实施禁运。

(四)我技术快速跟进但与美及盟友存在一定差距

从整体上看,我国在实验室阶段的基础技术研究,与世界最先进水平基本保持同步,但在应用阶段的技术研究,我国与世界先进水平仍存在一定差距。[①] 核心关键技术指标方面仍然存在 3～5 年的差距。美国和加拿大的碱金属磁力仪已经列装到反潜机,我国除仿制产品外,自主研发的产品目前还处于指标能力待验证状态。国内外原子干涉重力仪、芯片原子钟均有产品在售,但国内可靠性还有待进一步提升。国内外发展对比差距产生在于五方面原因:一是在应用研究方面引导不足,基础研究与应用研究脱节,导致工程研制推进缓慢。二是系统化开发能力不足,研究中普遍存在重硬件轻软件、重模块轻系统等问题。三是核心元器件方面还部分受制于人,很多高性能光电元器件依赖进口。四是原创能力不足,我国在量子探测技术领域基础理论深度、技术路径等方面的原始创新与国际先进水平还存在差距。五是研究力量分散,国内项目发布、管理与评价体制导致我国在量子探测领域的合作机制还不完善,科研力量没有形成合力,存在低水平重复性研究。

---

① 徐婧,唐川,杨况骏瑜.量子传感与测量领域国际发展态势分析[J].世界科技研究与发展,2022,44(1):46-58.

三、对策建议

（一）精准把握量子科技发展态势，抬升量子精密测量的战略地位

面向国家重大战略需求、结合量子科技发展整体态势，制定针对量子精密测量的政策规划和项目布局。充分发挥新型举国体制优势，推动国家实验室、研究机构等战略科技力量积极承担相关科研攻关任务。短期看，要加快光学原子钟，加速光泵磁力计等相对成熟产品的产业化进程；中期看，加快推进 NV 色心磁力计和量子重力仪等重点产品研发，完成量子重力梯度仪工程样机，补齐产业发展短板；长期看，重点突破量子惯性导航仪器、量子雷达等高端应用，形成较为完善的量子精密测量产品体系。

（二）精准对接总体国家安全观，加强量子测量数据管理使用

落实总体国家安全观，加快构建量子精密测量相关的数据保障机制，在数据收集、存储、应用等环节，制定科学规范的数据管理条例，严格把控敏感数据资源使用渠道。建立具备统一数据模型的军用、研用、商用量子标准数据库，按密级、单位、用途等方面分类管理，定期组织维护、更新，提高测量数据的使用效率，增强数据分析处理能力和量子测量设备研发端与应用端的互联共享。

（三）精准优化创新资源，建立研发机构与最终用户的协同发展体系

加快优化产业资源和产业链协同能力，持续补齐影响技术创新的短板和资源。面向研究机构，加快特种实验室建设，形成具备超低温、冷原子和量子光学、固态量子系统实验能力的新型研发窗口，夯实量子精密测量研发基础。面向资源勘探、航空航天等深度关联国防安全的多领域，建立研发机构与最终用户的直接对话通道，加快推动关键产品应用，加强核心技术协同攻关，促进产品迭代升级，形成大量定制化量子精密测量应用产品，

填补市场空白。队伍建设方面,重视培训量子测量设备应用人员,支撑产业发展韧性和后劲。

(四)精准支撑产业生态构建,强化产业综合服务能力

整合现有科研设施和研发、应用创新平台,建设空地一体量子精密测量交叉研究平台,提供极弱磁环境、微重力环境落塔、防微振实验室、超高真空束源除气系统和高等级洁净室,为发展一体化量子互联网、超高精度时频传递、单量子水平灵敏探测等方向,以及相关材料及器件国产化提供全链条支撑。持续支持针对量子精密测量技术的标准化委员会(如全国量子计算与测量标准化技术委员会)开展量子精密测量的标准化路线图研究,全面梳理产业链标准化需求,分级分类推动标准规范制定。

第 15 篇　美对我量子信息领域投资限制的影响和政策推演[①]

报告核心内容

全球新一轮科技革命和产业变革正加速演进,以量子计算、量子通信和量子精密测量为代表的量子信息技术,已成为未来重大技术范式变革和颠覆式创新应用的新源泉,有望重塑未来产业形态,支撑国民经济高质量发展,是各国抢占未来产业竞争制高点的前沿关键领域。当前量子信息技术产业进入快速发展期,2023 年 8 月,美总统签署行政命令,设立对外投资审查机制,限制美主体投资我量子信息领域。本文分析认为,该行政令对我短期影响完全可控,但中长期影响不容忽视,预计美国后续还将采取更加灵活多变的"升级版"政策工具对我实施打压遏制。为此,建议着眼我国未来产业发展和量子信息技术产业安全防范,加大关键核心技术攻关、积极构建量子"朋友圈"、完善基础型人才培养机制,夯实量子领域长期健康发展根基。

---

① 本文于 2023 年 8 月份撰写报送,编入本书过程中做了适当调整。撰写人:解楠(中国电子信息产业发展研究院集成电路研究所产品与系统研究室副主任、高级工程师)、李泓(中国电子信息产业发展研究院集成电路研究所产品与系统研究室工程师)。

新一轮科技革命和产业变革正重构全球创新版图,前沿科技领域学科交叉与技术融合的发展趋势更加明显。量子信息作为量子物理与信息科学相结合的战略前沿领域,将深度推动量子力学理论与信息技术创新体系的突破性演进、颠覆式创新。美国已将量子信息视为未来科技产业战略制高点,近年来美国将科技问题政治化、武器化,在量子信息领域对我封锁打压越演越烈,打压遏制方式更加灵活多变。2023 年 8 月 10 日,拜登政府发布行政令禁止美企业和资本对我国量子信息领域开展投资与合作,本文分析此行政令带来的影响并进行了相关政策推演。

一、美对我量子领域投资限制短期影响可控,中期影响不容忽视

(一)从短期看,该行政令对我国量子领域资本投资和技术发展的影响完全可控

虽然该禁令将抑制美国对华直接投资,但根据相关数据统计,过去 5 年美对华无论是外国直接投资(FDI)还是风险投资均持续下滑,从当前中国吸引 FDI 的国别来看,美占比已不足 1.5%。我国在量子领域的投资与政府捆绑较为紧密,在我国前 20 大资助主体中,国家自然科学基金、科技部或教育部及其下属的基金项目是量子信息领域资金的主要来源,与之相比,我国来自社会的量子技术风险投资总额偏小。据统计,2002—2020 年,我国量子技术累计风险投资总额仅为 2319 万美元。[①] 另外,当前量子信息处于产业化早期,技术、生态尚未定型,此次投资禁令必将切断美企与我量子研发合作,同时影响在华市场,导致美量子企业前期大量投入难以摊销,阻碍自身技术演进。我国或可以此为机,重塑量子优势,争取与美站

---

① 陶川,钟渝梅.拜登投资限制禁令及影响[EB/OL].(2023-08-10)[2023-11-25].https://mp.weixin.qq.com/s/w1Plo2wTX4XwbpKSfYi_pA.

在同一起跑线。

(二)从中长期看,该行政令严重阻碍我国量子技术发展步伐

2023 年 8 月 28 日,深交所已将量子信息纳入创业板"战略科技指数",标志我国量子信息科技进入下一发展阶段,开始重视社会资金推动研发,在此关键时期设立投资禁令势必影响我量子科技正常发展进程。且美企业投资中国量子企业,并非只是简单的资本投入,还隐含技术投资、管理、人才等方面,以促进量子产业快速发展。此行政令将进一步加剧中美"科技脱钩",我量子企业获得国际高端创新资源难度加大。此外,行政令实际上不仅事关美投资方面的问题,可能对特定行业以外的投资产生寒蝉效应。在美压力下,欧洲、日本等盟友预计将或多或少地"跟风",如美先前拉拢日本、荷兰限制对我半导体生产设备出口等事件,从而限制对我量子产业的投资,长此以往,将会导致我量子领域的发展在各个方面受到限制,从而难以追上发达国家的脚步。

二、美后续或采取更加灵活多变方式
对我实施打压遏制

推演一:将升级投资禁令为全面出口管制

在当前量子信息领域,基础研发仍占主导地位。根据美研究机构兰德公司的《中美量子技术产业基础评估》报告,在量子信息三大领域中,中国都是美国科研合作最多的国家。美早已在量子信息领域对我高度地提防并贯彻"小院高墙"策略,既想与我开展研发合作推进自身技术进步,又想在其优势领域和产业化相对较快的环节对我进行适度打压以维持量子霸权地位。此前美已对我量子信息技术发展实施定点打击,2021 年 11 月已将包括科大国盾量子、上海国盾量子等涉及量子计算的中国企业列入实体名单,此次投资禁令标志美对我量子科技全领域遏制正式拉开序幕。该行

政令还采取了狭义投资限制与广泛披露要求相结合的形式,通过实施投资者汇报制度,加强对华技术进度掌控力。[①] 后续随着量子技术逐渐成熟,应用场景逐渐明晰,美对我打压手段将更加动态灵活,管制范围可能进一步扩大,限制程度可能进一步加深,投资禁令或将逐步转化为出口管制。

推演二:长臂管辖控制对华量子供应链

美拉拢盟友组建量子科技联盟,目前已与澳大利亚、芬兰、日本、荷兰、韩国、英国等 10 个国家先后签署了《量子信息科学与技术合作联合声明》,并提供专项资金支持研发合作,在量子信息领域与盟国建立深度联系,预计印度、德国、加拿大、西班牙等国也将陆续加入缔约。[②] 美此举实际上是利用盟国资源建立对自己安全可靠的技术链、供应链,再以科技霸权逐步控制全球量子信息供应链。早在 2023 年 5 月 G7 峰会前夕就有美游说盟友共同建立对华投资审查机制消息放出,企图减少我潜在量子合作伙伴数量,建立对我量子制裁包围圈,后续美将持续加深量子科技联盟绑定,并以此为筹码,在必要时机以我可能"蓄意破坏"其盟友量子产业为由联合盟国对我断供量子系统关键零部件、设备材料等使能技术。

推演三:提前控制研发人员本土化,必要时对我实施人才隔离

我国存在个别由国际科学家领衔的新型研发机构,一些研究院所已与国外科学家建立深度合作,个别量子企业涉及外籍关键技术人员。本次投资禁令重点强调禁止"美国人"投资特定领域的中国实体,直接限制美籍投资者,消磨科学家、技术人员对华资本支持与技术支持意向,提前控制研发人员本土化,间接上令盟友对与华合作持有谨慎态度,从内外两个方面对我量子技术产业逐步实施"人才隔离"政策,迟滞我国量子信息领域技术演

　　① 刘新宇,郭欢,陈起超,等. 美对华科技投资禁令解读与应对分析[EB/OL]. (2023-08-11)[2023-12-11]. https://mp. weixin. qq. com/s/iNgZIrg1woh5w1GGvTsXkA.

　　② National Quantum Initiative Advisory Committee. Renewing the National Quantum Initiative: Recommendations for Sustaining American Leadership in Quantum Information Science[EB/OL]. (2023-01-20)[2024-01-20]. https://www. quantum. gov/about/nqiac.

进和产业应用。未来伴随量子产业链供应链逐步完善，美将在关键时机效仿 2022 年 10 月对我半导体行业制裁举措，强制禁止美籍人员参与支持我量子领域研发工作，同时禁止非美外籍人员在美境内参与相关活动，对我量子产业发展釜底抽薪，实施技术锁定。

三、相关建议

（一）加大关键核心技术布局，逐步构建反制能力

瞄准量子计算、量子通信、量子传感等三大主要方向，梳理关键核心技术和"卡脖子"潜在风险，形成我国量子科技和产业发展路线图。加强产学研联动，开展关键材料、核心器件、高端仪器设备、基础软件的自主研发，确保产业链自主可控。适当超前布局量子计算与其他学科相结合的研究方向，推动物理、数学、神经与认知、人工智能、计算机、信息等学科与量子科学的交叉研究，形成未来对美博弈反制优势。

（二）构建中国量子"朋友圈"，营造良好发展氛围

虽然美致力于通过限制对华投资遏制我国量子科技崛起，但多数国家释放与我更加密切的量子合作意愿。应坚定对外开放理念，以"一带一路"倡议、RCEP 协定等为基础，拓展与印度、以色列等国在量子科技领域合作空间，形成稳定可靠的量子科技"朋友圈"。着力打造国际量子领域新秩序，组建新型量子产业国际联盟，通过召开国际圆桌会议、组建无国界实验室、供应链安全保障等方式形成定期交流机制，吸纳全球科技伙伴，构建以我为主的量子信息新发展格局。

（三）完善基础型人才培养机制，形成高效研发梯队

加大量子信息人才培养力度，围绕前沿方向和交叉学科，加强相关学科和课程体系建设。优化基础研究人才培养差异化布局，实施研究生专

业、本科专业和短期课程相结合的基础教育,发现一批创新思维活跃、敢闯
"无人区"的青年领军人才,培养一批善于把握未来科技发展大势、具有前
瞻性、国际性眼光思维的优秀科学家。建立合理的经费管理和人才评价机
制,提升高校、科研院所研究人员的创造性,加大经费支持鼓励自主研发、
自主创业。优化现有经费管理和人才评价机制,营造利于激发科技人才创
新的生态系统。

第16篇　美国第二个国家量子法案评论[①]

报告核心内容

2023 年 11 月 29 日，美众议院通过了《国家量子计划重新授权法案》，旨在 2018 年《国家量子计划法案》基础上，继续加强量子基础研究并推动实际应用，并提出应用牵引、生态建设、产业支撑、人才培育、对外合作等系列新举措。当前，量子科技整体正处于从基础科研与实验探索向产品研发与应用探索的过渡阶段，美此刻延续法案切合时宜并展现出其推动量子科技实用化、产业化的坚定意图。我国宜借美成功经验，实施系统性针对性并举的战略布局、强化行业组织力量、优化人才引育机制，培育"量子＋"产业生态，切实保障量子产业发展行稳致远。

2018 年通过的《国家量子计划法案》使美国科技企业在量子信息技术领域取得了巨大进步，但该法案的几项初始授权将于 2024 年到期。因此，2023 年 11 月，美国众议院科学、空间和技术委员会通过了《国家量子计划

---

① 本文于 2023 年 12 月份撰写报送，编入本书过程中做了适当调整。撰写人：李泓（中国电子信息产业发展研究院集成电路研究所产品与系统研究室工程师）、解楠（中国电子信息产业发展研究院集成电路研究所产品与系统研究室副主任、高级工程师）。

重新授权法案》。这项立法将支持期限延长至 2028 年，以确保美国的量子科学和技术发展保持全球领导地位。内容上，新的法案在继续支持量子基础研究的同时，将重点放在了量子技术在现代场景中的应用上，着力探索将量子技术从实验室推向市场的途径。此外，促进与盟国的国际合作、确保量子供应链安全、加强量子劳动力培养也是法案布局的重点。

一、旧法案布局实施情况概览

2018 年 12 月，美国会通过《国家量子计划法案》（以下简称《旧法案》），计划在首个五年周期共投入 12.75 亿美元用于项目实施。

（一）旧法案的主要战略意图

《旧法案》提出建立完整的量子战略布局和顶层协调生态。随后设立国家量子协调办公室（NQCO）、量子信息科学小组委员会（SCQIS）、国家量子计划咨询委员会（NQIAC）和量子科学经济和安全影响小组委员会（ESIX）等四个战略机构，负责技术与产业发展布局、战略实施修订、机构任务协调和科技宣传等重要工作。[①]《旧法案》强调构建多元互补的研发组合模式和政产学研联动发展体系。国家标准技术研究院（NIST）成立量子经济发展联盟（QED-C），推进产研融合并打造跨部门人才培养机制，实现产业联动发展。《旧法案》实施五年来，美国科学基金委（NSF）和能源部（DOE）联合成立五个量子飞跃挑战研究所和五个量子信息科学研究中心[②]，瞄准国家战略需求，以多学科融合模式推进研发创新。

（二）旧法案实施五年取得成效

《旧法案》显著提高美国量子信息基础研究与技术开发能力。《旧法

---

① 周君璧,董瑜.美国量子研发布局对我国的启示[J].世界科技研究与发展,2023,45(6):661-669.
② 朱庆平,吴根,车子璠,等.美国国家量子计划实施的特点及启示[J].科技导报,2021,39(18):9-14.

案》整合政府部门、高校及科研院所、科技巨头和初创企业等多方力量,形成了协同创新的良好局面,产生出了系列原创性科研成果,确保了美国在此领域的领先地位。《旧法案》广泛普及量子科技潜在的经济和社会效益。《旧法案》在国家层面对量子科技潜在价值进行了战略性系统性科普,充分带动了各类投资,五年内政府实际投入远超 30 亿美元,社会资本投入超过 60 亿美元,激发了量子信息产业发展动能。《旧法案》明确量子信息与国家安全融合发展。《旧法案》先后与《国防授权法案》《芯片与科学法案》等实现联动,短期内将量子传感器用以提升军事安全,中期完成后量子密码标准化并有序实施后量子迁移以保障网络安全,长期构建量子互联网形成国家信息安全保护屏障。

二、新法案的核心更新内容

《国家量子计划重新授权法案》(以下简称《新法案》)明确,未来五年将以推动量子技术从基础科学到工程探索再到产业应用为工作重点。拟每年提供 9.25 亿美元资金,以确保《新法案》《芯片与科学法案》及其他相关立法中授权的项目顺利实施[①],更新内容涉及三方面。此外,上述两个法案中均提出了大量增加量子技术开发投入的动议,如表 1 所示。

---

① The National Quantum Coordination Office(NQCO). The National Quantum Initiative Supplement to the President's FY 2024 Budget[EB/OL]. (2023-12-01)[2024-01-20]. https://www. quantum. gov/wp-content/uploads/2023/12/NQI_Annual_Report_TY 2024.pdf.

表 1　《芯片与科学法案》与《新法案》拟议资金投入

支持方向	牵头机构	年度拨款/亿美元	周期	总额/亿美元	法案
科学技术研究、实验室服务、标准化	国家标准与技术研究院（NIST），量子经济发展联盟（QED-C）	0.85	2023—2027 年	3.4	芯片与科学法案
（3 个）量子中心	国家标准与技术研究院（NIST）	0.54	2023—2028 年	2.7	新法案
科学研究与教育计划	国家科学基金会（NSF）	1.41	2023—2027 年	5.64	芯片与科学法案
多学科量子研究和教育中心	国家科学基金会（NSF）	1.00	2023—2028 年	5.00	新法案
量子再培训、教育和劳动力（QREW）协调中心	国家科学基金会（NSF）	0.1	2023—2028 年	0.50	新法案
量子测试平台	国家科学基金会（NSF）	0.5	2023—2028 年	2.50	新法案
量子信息科学研究计划	能源部（DOE）	1.30	2023—2027 年	5.20	芯片与科学法案
量子仪器和代工厂	能源部（DOE）	0.25	2023—2028 年	1.25	新法案
国家量子信息科学研究中心（已有）	能源部（DOE）	1.75	2023—2028 年	8.75	新法案
量子空间和航空研究所	国家航空航天局（NASA）	0.25	2023—2028 年	1.25	新法案
量子网络基础设施计划	能源部（DOE）	1	2023—2027 年	4.00	芯片与科学法案
科学和技术量子用户扩展计划（QUEST）	能源部（DOE）	0.3	2023—2027 年	1.20	芯片与科学法案
QUEST 计划延长一年	能源部（DOE）	0.38	2028 年	0.38	新法案
总计		9.25		41.77	

赛迪智库整理，2023 年 11 月。表中机构均为美国。

（一）构建以应用为导向的多部门联动研发机制

《新法案》制定了面向工程研究和系统集成的新计划，通过多部门合作和终端用户参与，实现量子系统加速应用。一是强调重点场景应用需求，授权美国国家航空航天局（NASA）成立面向空间和航空应用的量子研究所。二是提升成熟技术工程化水平，授权 NIST 新建至多三个量子中心，优先考虑布局量子精密测量技术和量子系统工程技术方面研究。三是扩大政府机构参与范围，将美国卫生与公众服务部（HHS）、美国国务院（USSD）和 NASA 纳入 ESIX，以加强民用、军用产品研发主体间的协调互动（美国国家量子战略执行机构体系如图 1 所示）。2023 年 7 月，NSF 就针对建立国家量子虚拟实验室（NQVL）进行公开招标，以项目促进供需对接、技术研发和学术交流。①

（二）完善标准体系和产业生态加速技术产业化进程

《新法案》对完善标准体系建设做出了明确说明，责令 NIST 和 QED-C 共同推进计量研究和标准化活动，积极参与国际标准制定工作，开展标准应用示范项目，促进科技成果转化与应用推广。《新法案》也对有序推进量子计算、量子通信和量子精密测量产业化进程做出了清晰部署：在量子精密测量方面，支持技术性能指标测评，加速产品应用落地；在量子通信方面，依托 DOE 量子网络基础设施研究与发展部，加强对量子网络和通信技术的开发授权和应用；在量子计算方面，近期依托量子科技用户扩展计划（QUEST），基于量子计算云平台开发面向实用化的软件和应用程序，长期授意能源部将制定为期十年的量子计算战略，设计开发以量子计算为核心的高性能计算系统并探索商业化模式。此外，2023 年 10 月，美国宣布在芝加哥与科罗拉多州设立两大量子技术中心，加强供应链保障、产品研发、

---

① The House Science, Space, and Technology Committee. H. R. 6213-National Quantum Initiative Reauthorization Act[EB/OL]. (2023-11-29)[2024-01-20]. https://science. house. gov/2023/11/the-national-quantum-initiative-reauthorization-act.

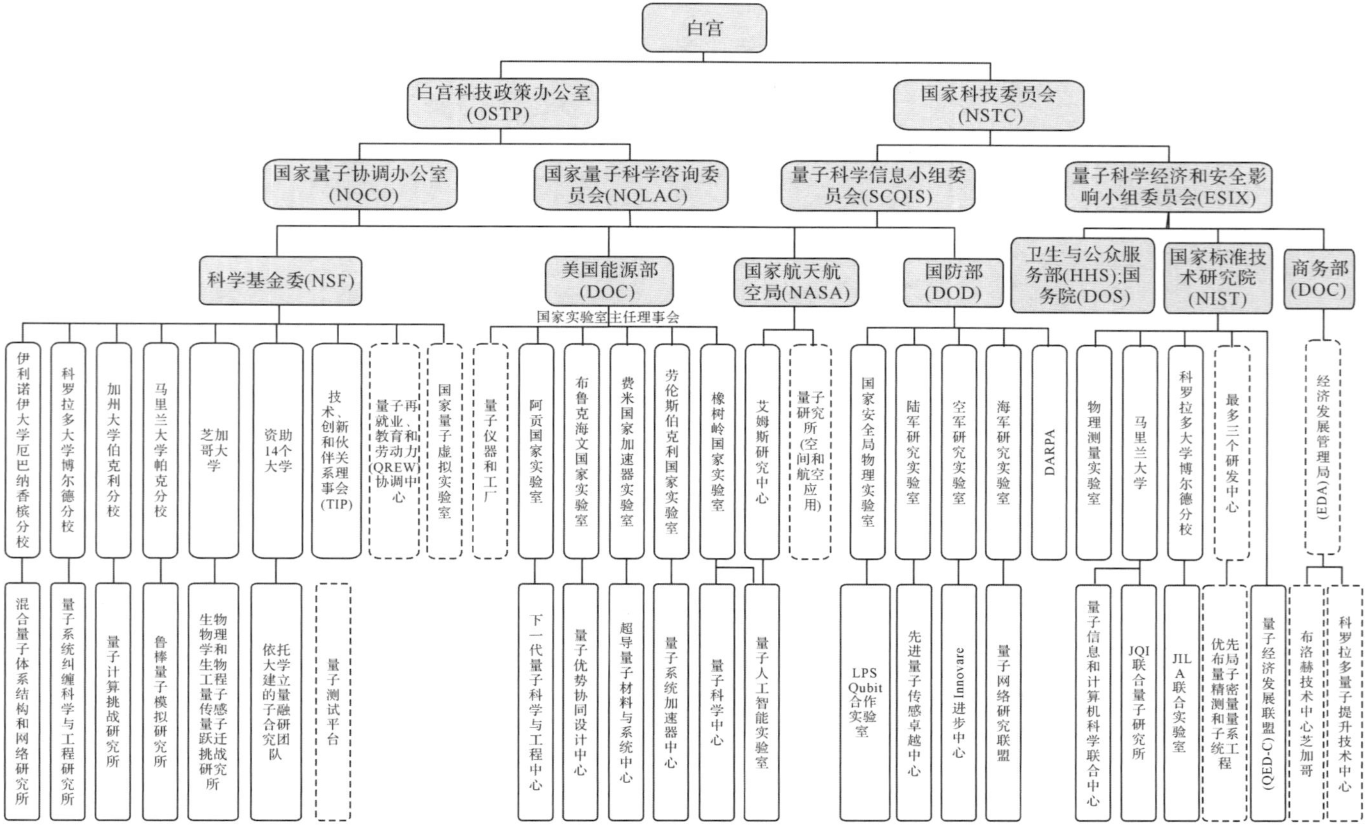

注：扩建项目用虚线框表示，根据智库整理资料截至2023年11月

图1　美国国家量子战略执行机构图谱

行业应用、产业生态培育示范,实现产业集聚发展。

　　(三)强化产业支撑能力以提供可持续发展动能

　　一是设置共享基础设施,完善基础支撑平台和设施条件,同时弥补供应链短板。授权 NSF 建立新的量子测试平台,提升系统级演示测试能力,支持短中期技术成果转化。授权 DOE 与学术和产业界协调建立新的量子仪器和代工厂,加强适应量子特殊需求的供应链技术攻关和基础设施建设。二是优化跨学科培育模式,构建系统化量子人才培养体系。依托《芯片与科学法案》下一代量子领导者试点计划,在中小学开展量子科普教育,将量子信息纳入科学、技术、工程和数学(STEM)教育,完善本科阶段专业学科建设,注重多学科量子研究和教育,培养复合型人才,增加奖学金计划,丰富人才激励模式。建立新的量子再就业、教育和劳动力(QREW)协调中心,为量子专业 STEM 毕业生提供就业机会。三是加强国际合作,扩大以美为主的排华量子"朋友圈"。要求 OSTP 制定国际量子合作战略,加强与盟友的研究合作与人才交流,同时限制相关资金用于孔子学院或与有关外国的研究活动。这一措施根本目的在于利用盟国资源建立对自己安全可靠的技术链供应链,同时利用引才留才政策加强本国量子人才储备,并为后续联合盟友打压我国埋下伏笔。

三、以美为鉴构建我量子产业发展新优势的建议

(一)加强顶层布局,构建国家战略科技研发体系

　　从战略部署看,我国在量子信息领域起步较晚,但"十三五"以来政策支持力度不断增强,"十四五"规划明确将量子信息作为国家科技发展的战略前沿领域,并通过重大科技项目推进基础研究。科技部分别于 2016 年和 2023 年发布"量子调控与量子信息"重点专项和科技创新 2030—"量子

通信与量子计算机"重大项目;国家自然科学基金委分别于 2021 年和 2023 年发布两期"第二代量子体系的构筑和操控重大研究计划"。在基础研究方面,我国与世界最先进水平基本保持同步,但在工程应用技术方面,我国与世界先进水平存在较大差距。

接下来,我应进一步加强顶层布局,建立国家层面的量子科技战略协调推进机制,涵盖科技、产业、教育、金融等相关部门及中国科学院、中国工程院、国家实验室、研究型大学等国家战略科技力量。加强科研机构与科技企业的资源共建共享,打造开放式量子处理器和云连接实验室、协作式测试平台和量子代工厂,扩大共享基础设施。围绕量子通信、量子计算、量子传感等领域布局前沿技术研发,统筹安全与发展,加大项目支持和资金投入,体系化推进量子科技创新应用。在具有引领优势和示范作用的城市和地区,打造量子信息产业创新示范区。

(二)强化行业组织力量,推动量子产业生态搭建

从产业联动看,我国量子信息企业主要来自大学和科研机构孵化,国内三大领域龙头企业本源量子、国盾量子和国仪量子均由中国科学院院士带领中国科学技术大学教授或博士创立。据赛迪智库不完全统计,我国量子信息产业链上下游已有超过 130 家企业,其中有高校和科研院所背景的占 48%,初创企业居多,普遍呈现"弱、小、散"特征,量子计算虽然有互联网巨头切入,但并未形成主赛道,只通过小型实验室布局。在行业组织方面,虽然国内量子联盟已具雏形,但在数量和规模上与欧美差距较大,联盟内部合作和外部发展仍存在较大的优化空间。

接下来,构建"量子+"产业生态是当务之急,应充分发挥行业组织和咨询机构在生态培育中的居中作用,组织量子信息技术与产业会议论坛,凝聚行业发展共识合力。围绕生物医药、电力、勘探、航天等重点领域,促进相关产品应用赋能。探索科技成果应用转化路径和方法,形成可复制推广的应用模式。引导量子信息企业、行业企业和科研机构等共建开放实验

室、应用研究中心和先导示范中心等协同创新平台,发挥市场主体对科技成果转化、应用验证评价和创新要素配置的导向作用。加强国际合作交流,依托"一带一路"倡议、RCEP 协定等,拓展国际合作,积极参与国际标准制定,增强我国对未来产业的话语权。

(三)优化人才引育机制,夯实产业发展基础

从人才培养看,我国量子信息人才教育布局刚刚起步,2020 年量子信息正式纳入我国高校基础学科,2021 年中国科学技术大学获批新设立量子信息科学本科专业和量子科学与技术博士学位点,专业人才培养起步晚,早期人才供给主要来自物理学专业。我国量子信息科学后备人才培养体系较为单一,以基于中国科学技术大学、清华大学、浙江大学等高校硕博研究生培养为主。量子信息领军企业中专业人才比重不高,研发人员和工程技术人员占比仅 50% 左右,尤其是仪器、传感器等系统工程人才极度短缺。

接下来,政府应在国际高端人才引进上发挥更加重要的作用,积极面向产业需求开展人才对接,完善海外引才政策。同时应建立从基础研究到应用研究、技术研发到产业化的人才培养机制,鼓励量子领域原创性基础研究。加大对全社会特别是青少年群体的量子科技普及教育。制定量子信息科学教育计划和目标,推进光机电等专业与量子信息融合发展。支持开设量子信息科学本科专业,增加量子信息研究生名额,探索学历教学与企业实践共存的培养模式。

第17篇 量子信息产业发展概述及国内外对比①

报告核心内容

量子信息技术是指利用量子力学原理实现信息的高速、安全处理和传输的技术，是信息技术领域的前沿方向之一。量子信息技术分为量子计算、量子通信和量子精密测量三大领域，分别可以实现特色领域算力跃升、信息传输安全保障能力强化、仪器设备整体测量性能突破。量子信息是一种未来产业技术，从整体上看，量子信息技术正处于从基础科研与实验探索向产品研发与应用探索过渡的早期阶段。本文首先概述了量子信息产业的发展路线图，其次对比了国内外量子信息产业发展现状，最后针对我国短板提出了对策建议。

量子科技是前沿科技重大分支领域，量子信息技术已成为未来重大技术范式变革和颠覆式创新应用的新源泉，有望重塑未来产业形态。量子信息厚植新质生产力，为新型工业化按下快进键。2022年全球量子信息市场规模为45.5亿美元，我国市场规模为5亿美元。到2035年，随着量子

---

① 本文于2023年10月份撰写报送，编入本书过程中做了适当调整。撰写人：李泓（中国电子信息产业发展研究院集成电路研究所产品与系统研究室工程师）、解楠（中国电子信息产业发展研究院集成电路研究所产品与系统研究室副主任、高级工程师）。

信息技术成熟,将广泛赋能各行业,全球市场规模可能突破 5700 亿美元,我国市场规模可能突破 700 亿美元。从技术发展进程看,量子信息正处于从基础研究向工程应用的关键节点,特别是"量子＋"多场景应用贯通,有望在数字经济、金融科技、信息安全、能源材料、生物医疗、航空航天等领域产生颠覆性应用。本文从产业角度介绍量子信息的国内外发展情况。

一、量子信息产业发展概述

(一)量子计算

量子计算是一种远超传统通用计算的新型计算模式,以量子比特为基本单元,利用量子叠加和干涉等原理实现并行计算,能在某些计算困难问题上提供指数级加速,为人工智能、密码分析、气象预报、资源勘探、药物设计等所需的大规模计算难题提供了解决方案,是未来计算能力跨越式发展的重要方向。量子计算的技术产业影响力最大,是量子信息领域的关注焦点。

量子计算仍处于多种技术路线并行的发展阶段,目前并未出现具有压倒性优势的技术路线。各路线均沿着国际学术界公认的——量子计算优越性、专用量子模拟机、可编程通用量子计算机——"三阶段"路线图发展。2021 年,量子计算已进入含噪声的中等规模量子(NISQ)时代,对特定问题的计算能力超越超级计算机,实现了量子优越性。硬件方面,持续提升量子比特数、量子比特质量和稳定性、量子门速度和保真度等性能指标是主要趋势;软件方面,通过云平台和量超融合的方式探索金融、医药、能源、人工智能等领域的专用量子算法和应用软件是发展方向。[①]

当前基于 NISQ 平台的量子计算应用探索在金融、制药、化工、交通等

[①]　光子盒.2022 全球量子计算产业发展报告[R].2022.5.

领域已初步铺开。但目前国内外开放的量子计算云平台主要以演示和验证量子计算运行原理,以及提供量子算法和软件的初步运行和验证等服务为主,有实用价值的"量子优越性"还未出现。杀手级应用仍需迈过性能优越性、用例实用性与硬件可执行性三道坎,高性能、通用型量子计算机产业化还需要至少 10 年时间。[①]

(二)量子通信

量子通信是一种以量子态为载体来传递信息的新型通信手段,主要涉及量子密码调制、量子远程传态和量子密集编码等,典型应用形式包括量子密钥分发(QKD)和量子隐形传态(QT)。其中,量子密钥分发技术是能抵御量子计算破译的关键密码技术之一,其安全性可达到最高的信息理论安全等级,也是目前最成熟的量子通信技术,已进入产业化阶段;量子隐形传态是有效传递量子状态的关键手段,是实现量子系统互联互通的核心技术。除了基于量子物理的密码技术,基于数学算法的密码技术后量子密码(PQC)是抵御量子时代信息安全威胁的另一条路径。[②] 与 QKD 相比,PQC 的优势在于部署不需要专用硬件,可直接嵌入现有信息设备安全模块。此外,"PQC+QKD"的融合方案也是当前重点探索方向。

量子通信的应用发展分为三个阶段:短期是量子保密通信阶段,应用量子密钥分发技术,为国防、政务、能源等用户提供高安全的数据传输和通信服务;中期是量子安全互联网阶段,以量子密钥分发技术为基础构建广泛的密钥管理网络,结合量子安全的密码算法,为企业、金融、医疗、个人消费、云数据、电信服务等提供系统性的量子安全服务;远期是量子信息网络(量子互联网)阶段,即随着量子中继、量子计算机、量子传感及测量等技术的成熟,应用量子隐形传态等量子通信技术手段,依托星地一体的广域量子通信网络,实现量子安全网络、量子云计算网络、量子传感网络等网络服

---

① 中国信通院.量子信息技术发展与应用研究报告(2022 年)[R].2023.1.
② 光子盒.2022 全球量子通信产业发展报告[R].2022.5.

务。目前在工程技术实现方面,我国已经进入了应用发展路线图的中期阶段,而预计再需要 10 年左右的时间,有望进入发展路线图的远期阶段。

当前,量子保密通信产业仍处在应用的早期阶段,诸多方面尚未定型,基于量子密钥分发(QKD)、量子随机数发生器(QRNG)等技术方案的量子保密通信初步实用化,各类量子保密通信技术方案的产品研发、应用探索和网络建设相继涌现,标准化研究工作取得阶段性成果,在软件定义网络、无源光纤网络、无线接入网络等方面有望率先实现工程实践。后量子密码(PQC)方面,在美国的引领下进行标准化工作,接下来基于算法标准的应用研发与 PQC 的推广、迁移、部署将成为重点任务。整体来看,QKD 网络作为抗量子计算密码体系中密钥管理的基础设施,通过结合 PQC 等构建自主可控的量子安全体系,在云、网、管、端等层面与 ICT 体系相融合,将逐步实现更丰富的应用方式、更广的服务领域。

(三)量子精密测量

量子精密测量是利用磁、光与原子的相互作用,实现对各种物理量超高精度和高灵敏度的测量,其目标是实现单量子水平的极限探测、精准操控和综合应用,量子传感器是典型产品形态,包括原子钟、量子磁力仪、量子重力/重力梯度仪、量子陀螺仪、量子加速度计、量子天线、量子雷达等。与传统测量技术相比,量子测量基于微观粒子量子态精密测量,具有更高的测试精度、灵敏度和稳定性,在基础科研、生命科学、资源勘探、能源电力、航空航天与国防安全等多个国家战略领域具有广泛的应用前景,是有望最先实现产业化应用的量子技术。

根据英国"国家量子技术传感器和计量学领域中心"量子传感器发展路线图,量子精密测量产业发展分为专用量子传感器、工业级量子传感器、消费级量子传感器三个阶段。当前正处于从专用量子传感器向工业级量子传感器过渡的初始阶段,从科研仪器逐步面向工业检测、医疗健康等领域开拓市场,提升灵敏度、稳定性、性噪比等核心指标,健全设备性能指标

评价体系,推动已有工程样机产品化,完善量子精密测量仪器应用验证是关键任务。未来随着仪器可靠性、便携性、集成性进一步提升,量子精密测量技术赋能千百行业成为可能。

　　总体来说,当前量子测量产业发展处在早期阶段,尚不具规模,产业资源集中在核心系统设计及整机的工程化开发中。主要原因包括:一是在大规模应用推广到来之前量子测量的应用对上游的牵引力还不足,导致上游有实力的元器件及工艺厂商对量子产业的研发投入不足,制约了产业整体发展;二是量子测量领域技术门槛较高,需要一定的专业知识和技术积累,对人才的专业素养要求严格,所以目前大部分的量子测量企业都是从高校或者科研院所孵化的,或者具有军工背景;三是除了原子钟、量子磁力计具有明确的民用场景外,其他量子测量技术主要定位于非民用、非工业的应用场景,面向军队或政府等特殊领域的封闭市场,不适于推广商用。

二、我国量子产业发展现状及国内外发展对比

　　我国基础研究已经对量子计算、量子通信和量子测量等主要技术路径实现全部覆盖,量子通信和量子计算已具备打造成为科技长板的潜力。我国已在实用化量子密码技术、空间对地量子通信技术、基于超冷原子的量子模拟、基于光量子纠缠提升量子测量精度、基于超导和光量子比特的量子计算等方向取得了重大进展。在基础研究方面,我国与世界最先进水平基本保持同步,但在工程应用技术方面,我国与世界先进水平存在较大差距。

　　我国量子信息产业发展也存在基础不牢不稳、局部优势领域受到欧美持续冲击、产业链供应链自主可控能力较弱等风险,影响产业长期健康发展。与美欧等国相比,我国量子信息产业雏形尚未完全形成,"量子＋"产业生态有待构建,企业、科研机构分工协作、共同发展的组织结构有待组

建,教育、科研、产业等资源要素有待进一步整合。除此之外,量子计算产业化的高风险、长期性、不确定性导致金融资本关注度不高,初期市场规模和用户群体十分有限。同时,我国量子领域相关实体单位普遍具有"弱、小、散"的特点,特别是行业组织数量和会员单位数量与美国存在较大差距。此外,相关领域的人才也相对匮乏,现有技术团队成员多为留美归国人员,人才数量和质量难以支撑产业做大做强。

(一)量子计算基础研究取得突出成果,但产业化发展相对迟缓

在量子计算领域,我国在量子算法、量子模拟、量子优化问题等方面取得了重要进展。基础研究方面,前沿理论研究与欧美国家差距不断缩小,以中国科学技术大学为代表的科研团队正在不断追赶。光量子计算机"九章三号"已实现对 255 个光量子的精确操控,176 比特的超导量子计算机"祖冲之号"量子计算云平台已正式上线并面向全球用户开放。我国已成为世界上唯一在两条技术路线上实现"量子计算优越性"的国家,完成了光量子、超导、超冷原子、离子阱、硅基、金刚石色心、拓扑等所有重要量子计算体系的研究布局,使我国成为包括欧盟、美国在内的三个具有完整布局的国家(地区)之一。

我国量子计算产业化发展取得部分突破,但整体上与国外存在差距。在量子芯片方面,我国产业化起步较晚,很多技术路线尚在探索阶段,而谷歌、IBM、英特尔等企业在该领域布局多年,资金、人才投入巨大,对量子计算成果转化和加速发展助力明显,研究领域涉及多元化技术路径。从技术路线看,我国光量子路线处于国际领先水平,在超导路线上处于第一梯队,但与巨头还存在一定差距,在中性原子路线上与美国差距初步显现,半导体路线与国际主要研究力量同步处于早期阶段,但尚未产生产业成果,在离子阱体系上起步较晚,目前整体上处于追赶状态。[①] 在算法软件方面,

---

① 汪晶晶,杨宏,雷根,等.量子计算产业化国内外发展态势分析[J].世界科技研究与发展,2022,44(5):631-642.

我国量子编程语言种类较少,应用程度不高;且我国量子算法理论发展较晚,目前还处于起步阶段,在技术和产业研究中基本采用国外先进的量子计算算法,自主研发能力欠缺,仍属于技术跟随者。

在应用推广方面,量子云平台可以为量子应用提供灵活的计算资源调度和高效稳定的服务支持,是搭建量子计算产业生态的重要手段,国外科技巨头在技术创新能力、合作推动力和用户吸引力等方面处于领先,我国量子企业与科研机构也相继推出量子计算云平台,但在计算资源、用户和访问量上与 IBM、微软、亚马逊等存在数量级上的差距。而且国内企业相互之间独立性较强,在资源整合方面较弱。此外,"量超融合"已成为当前全球主流的发展趋势,欧美日澳多国快速推进。2023 年 9 月,我国发布首个"量超融合"先进计算平台,该平台由本源量子联合上海超级计算中心等单位共同打造。

在核心支撑方面,我国量子计算面临技术"卡脖子"风险。美已在多项量子技术上对我进行出口管制,并将我国量子信息研究和产业化的重要机构和企业列入实体清单。受美国影响,一些其他北约国家也开始将相关关键设备和器件列入对我禁运范围。当前超导量子计算路线受影响最大,所需低温系统器件、半导体微纳加工设备及高性能芯片等均受到管制。随着量子计算机比特数目越来越大、集成度越来越高,影响力越来越大,国外的定向技术限制也将越发严重。

与国外相比,我国量子计算产业化还处在非常初级的阶段,在产业链的多个环节发展较为滞后,市场化机制尚未形成,主要依靠国家政策推动,在系统销售、软件销售等方面发展欠缺,缺少成熟的商业模式和商业机会。全球范围来看,量子计算目前仍处于发展初期,虽然我国在产业化上相对落后,但与欧美国家并没有明显代差。

（二）量子通信技术水平与实用化建设世界领先，但 PQC 战略备案重视不足

在量子通信领域，我国在全球率先初步构建了星地一体、云网融合的量子通信基础设施体系。我国发射了首颗量子科学实验卫星"墨子号"，并建成量子保密通信"京沪干线"，在此基础上成功构建天地一体化量子通信网络，跨度达 4600 公里。2022 年继"墨子号"之后，"济南1号"量子通信微纳卫星已成功发射并在轨运行，量子通信卫星地面站也实现小型化技术突破。在"京沪干线"的基础上，建成国家广域量子保密通信骨干网，总里程超过 10000 公里，并与"墨子号""济南一号"量子卫星成功互联。我国量子保密通信试点应用项目数量和网络建设规模已处于世界领先水平，总体领先主要国家和地区的广域量子通信基础设施约 3～5 年，短期内还将建成以国家量子骨干网为基础、覆盖"东数西算"八大枢纽节点的融合量子通信技术的云平台。在 ToC 服务方面，中国电信、中国移动、中兴通讯、华为等电信运营商和 ICT 厂商也积极发展量子安全业务。

在量子通信领域，我国已跻身全球领先地位，目前已率先构建天地一体化广域量子保密通信网络雏形，产业化发展受到了国家战略、技术引领、产业推动、工程建设等多个方面政策的支持，在国内外标准化工作上取得了阶段性成果，但在应对量子威胁方面仍缺乏前瞻布局和战略备案。美国预计明年完成后量子密码标准化进程，并率先着手向后量子加密标准迁移。欧洲和日、韩等国在发展 QKD 技术和推动相关基础设施建设的同时，也密切关注 NIST 标准化进展并验证和准备引入相关 PQC 算法，坚持"PQC＋QKD"路线。PQC 越早部署越能显现性价比、灵活性和即时性。我国在研究和政策层面对后量子密码重视程度不高，对现有 PQC 公钥算法的安全性评估和标准化工作开展持谨慎态度，尚未制定后量子迁移行动计划，国内产、学、研、用各领域尚未在构建 QKD 与 PQC 结合的自主可控量子安全体系上形成高度共识，采用该体系的量子安全应用无论从市场的

广度还是行业的深度都明显不足,需求对产业的牵引力薄弱。

（三）量子精密测量实验室指标与国外并跑,但应用技术与美欧差距较大

我国在实验室阶段的基础技术研究与世界最先进水平基本保持同步,但在应用阶段的技术研究与美欧等差距较大。当前,在量子时频测量方面,我国钙离子光钟的不确定度与稳定度均进入 10^{-18} 量级;在量子重力测量方面,可移动原子重力仪精度已接近国际一流水平,小型移动式冷原子重力仪达到了目前国际上野外连续重力观测的最好水平,华中科技大学已向中国地震局地震研究所交付了首台自研的实用化高精度铷原子绝对重力仪;在量子惯性测量方面,我国研制成功的原子自旋陀螺原理样机,指标与国外公开报道的最高指标相当,为实现高精度自主导航系统奠定了基础;在量子磁场测量方面,我国研究人员利用以金刚石 NV 色心为代表的固态单自旋体系实现了同时具有高空间分辨率与高灵敏度的磁场探测技术;在量子探测成像方面,我国实现了远距离红外单光子大气雷达,创造了200 公里的单光子成像最远距离世界纪录。

在量子精密测量领域,我国已实现全测量路线布局,科研指标处于整体国际并跑、部分方向领跑的优势地位,但商业化程度与欧美发达国家存在一定差距,特别是在医疗、国防等方面。应用示范方面,2022 年英国国家量子技术中心研制的量子重力梯度仪首次实现脱离实验室条件的地下探测,并找到埋在地表下 1m 的户外隧道,被称为传感领域的"爱迪生时刻"。目前,基于超导量子干涉传感器的时间域海洋电磁系统,已完成浅海域浅层地质特征高分辨成像和深海域大深度探测等海洋勘探任务,有效探测深度超过 1km。相比之下,国内对涉及国家安全的量子精密测量应用仍未得到重视,尚未形成标志性的研究示范成果。产业发展层面,国外初创公司活跃度较高,拥有丰富资源,能够迅速将技术转化为商业化产品。此外,大企业参与度也较高,例如霍尼韦尔、洛克希德马丁和波音等以产学研

合作、投资孵化创业公司等形式参与其中，进一步推动量子精密测量产业发展。相比之下，国内研究机构和企业缺乏沟通合作的平台与机制，成果转化和知识产权开发较为困难，特别是中国科学院系统成果转化程序较为烦琐，时间跨度长达 2～3 年，影响技术孵化效率。而在市场带动上，国产高端仪器设备的市场份额较小，通过市场回报支撑持续创新的创新链和价值链等还未能发挥应有作用。

三、对策建议

（一）明确重点技术路径，发布量子信息发展路线图

详细梳理国内量子计算、量子通信、量子测量、量子材料、量子软件及应用系统领域主要技术路径，发布明确的量子信息发展路线图，科学研判关键核心技术和共性问题，客观分析各细分领域技术创新预期目标与产业化时间。结合国家已有的技术研发基础，在自然科学基金、科技重大专项、重点研发计划、战略性先导科技专项，做好有针对性的资助倾斜。同时，加强关键核心技术和基础共性技术的标准研制，鼓励企事业单位和专家积极参与国际标准化活动，开展国际标准制定，持续提升标准的供给质量和水平。鼓励行业配套机构开展知识产权培训与交易、科技成果评价、市场战略研究等服务。

（二）梳理产业全景分布，制定强链补链延链方案

结合新型工业化应用场景，进一步完善国内量子产业链供应链企业，针对断点环节确定关键合作外企名单，对接量子国家实验室，培育国内可替代资源。针对优势环节，鼓励大学衍生企业、新型研发机构孵化企业、科学家创业。加快特种实验室建设，形成具备超低温、冷原子，量子光学、固态量子系统实验能力的新型研发窗口，夯实量子信息技术全产业链能力。

支持有条件地区建设量子信息技术产业园,常态化开展量子产业重点项目调度会,建立招商对接机制。

(三)扩大量子基础设施,建设创新服务公共平台

深入了解企业、大学、科研院所的研发需求,整合全国量子科教资源,支持地方、园区、企事业单位建设大型科研设施仪器共享平台,量子信息工程技术研究中心等创新平台、技术转化与孵化等服务平台、产业基础共性技术平台,瞄准量子传感、量子通信等产业化速度较快的领域,加快推动相关技术试点应用和规模化应用。面向资源勘探、航空航天等深度关联国防安全的领域,建立研发机构与最终用户的直接对话通道,加快推动关键产品应用,加强核心技术协同攻关,促进产品迭代升级。

(四)优化人才引育机制,夯实原始基础创新底座

充分发挥国家重点实验室、知名高校和相关科研院所在人才培育方面的作用,深化产教融合,推动高校优化相关学科建设和专业布局。鼓励企业建立企业研究院、院士和博士后工作站等创新平台,建立校企结合的人才综合培训和实践基地。引才方面,在全球范围引进高水平学术带头人,加快汇聚基础研究人才队伍,支持顶尖科学家领衔建设新型研发机构。此外,要充分重视培训量子测量设备应用人员,提高产业发展韧性和后劲。

(五)加强应用场景牵引,打造量子赋能产业生态

常态化开展供需对接会,做好量子赋能百业的宣传普及工作,争取面向通信、能源、化工、金融、机器人、自动驾驶、生命健康、军事国防等领域全面开放应用,促进应用驱动的协同研发关系。比较国内量子联盟与欧美联盟的差距,沿技术链、创新链、供应链延伸扩大组织成员,帮助进一步完善产业联盟,尽快打造具有产业标杆意义的合作范式及成果。同时,鼓励科研人员积极参与国际学术研讨和合作交流,完善国内外高校联合培养机制,持续拓宽研究领域和跨领域合作,形成良性互动的研发氛围。

（六）完善金融支撑体系，着眼未来产业长期攻坚

探索利用产业基金支持未来产业新模式，引导产业资本、金融资本、社会资本向量子信息领域倾斜。探索建立产融创新金融服务联合体，构建多层次、全方位的科技金融综合服务体系，重点发展适应未来产业发展的新型的融资、担保、保险和服务。推动银企战略合作，通过组织银企对接会、向银行推荐项目的形式，积极搭建银企合作平台推动实现未来产业企业与金融资源的有效对接，拓宽未来产业企业融资渠道，破解未来产业企业融资难题。加大国有资本对量子信息领域的投资牵引作用，进一步撬动社会资本持续关注支持量子产业。

第18篇　量子信息产业高质量发展要系统解决五方面问题①

报告核心内容

　　新一轮科技革命和产业变革正重构全球创新版图,前沿科技领域学科交叉与技术融合的发展趋势更加明显。量子信息作为量子物理与信息科学相交叉的战略前沿领域,是全球主要科技大国角逐未来产业制高点的关键抓手。本文整合了行业专家、企业负责人、技术骨干等多方意见,摸清我国量子产业发展"家底",厘清制约产业高质量发展的五方面问题,并提出政策建议。

　　全球新一轮科技革命和产业变革正加速演进,以量子计算、量子通信和量子精密测量为代表的量子信息技术,已成为未来重大技术范式变革和颠覆式创新应用的新源泉,有望重塑未来产业形态,支撑国民经济高质量发展。我国量子科技虽然起步较晚,但多年深耕已形成良好基础,在前沿探索、样机研发和应用推广方面取得诸多进展。但我国量子信息发展也存

---

　　①　本文于2023年11月份撰写报送,编入本书过程中做了适当调整。撰写人:解楠(中国电子信息产业发展研究院集成电路研究所产品与系统研究室副主任、高级工程师)、李泓(中国电子信息产业发展研究院集成电路研究所产品与系统研究室工程师)。

在产业基础不牢不稳的问题,局部优势领域不断受到欧美强烈冲击,产业链供应链自主可控程度有限,政界、学界、业界对产业化发展未形成共识,科技资源整合力度和支持强度仍有所不足。当前,我国量子信息产业发展正逢重要战略机遇期,亟待摸清我国量子产业基础,下大力气疏堵点、除痛点、解难点,推进量子信息产业高质量发展。

一、我国量子信息产业发展情况

(一)量子信息产业基础好、潜力大

市场方面,2022 年我国量子计算、量子通信、量子精密测量三大领域市场规模分别约为 1.04 亿美元[①]、3 亿美元[②]和 0.86 亿美元[③],占全球市场规模的 8%、13% 和 9%。企业方面,据不完全统计,在量子信息领域我国共约 130 家具备实际研发和创新能力的实体单位,量子计算、通信、精密测量分别占比 31%、44% 和 32%。[④] 产业基础方面,我国基础研究已覆盖量子信息主要技术路径,量子通信和量子计算有望打造科技和产业长板优势。发展潜力方面,高校和科研院所孵化大量初创企业,整体创新能力强、创业人员素质高,创业方向基本涵盖国际热点。同时,部分航天、国防科工领域国企布局量子业务并推动产业化,互联网巨头也通过建设小型实验室切入量子计算。

(二)部分量子技术已实现应用

量子信息技术主要包括量子计算、量子通信和量子精密测量三大领

---

①　光子盒.2022 全球量子计算产业发展报告[R].2022.5.
②　光子盒.2022 全球量子通信产业发展报告[R].2022.5.
③　光子盒.2022 全球量子精密测量产业发展报告[R].2022.5.
④　光子盒.中国量子企业版图[EB/OL].(2023-04-13)[2024-02-20].https://mp.weixin.qq.com/s/ceqM7ea726laK8YkSI_0qg.

域。量子精密测量发展最快,已在科学研究、生物医疗、高精度授时和导航等方面初步应用,随着场景赋能能力进一步提升,有望几年内实现产业化。量子通信发展取得阶段性进展,初步构建星地一体、云网融合的量子通信基础设施体系,并逐步在电子政务、金融等专网应用中发挥作用,通信运营商也积极拓展量子安全相关业务。量子计算距离规模化应用仍有较大距离,目前基于 NISQ(含噪声的中等规模量子)平台的量子计算已在金融、生物医药等领域初步应用,但功能局限在量子算法和软件的运行验证,尚未展现优势,而通用量子计算机预计在 2035 年左右出现。

(三)量子信息产业发展恰逢多重机遇

我国量子信息产业发展恰逢三大机遇:一是量子信息整体处于从基础科研与实验探索向产品研发与应用探索过渡的早期阶段,市场发展潜力巨大,有望 10 至 15 年内实现规模化应用,而未来 5 至 10 年是推动产业化的关键期。二是全球竞争格局尚不明朗,我国与美、日、英等技术强国基本上处于同一起跑线,国内基础研究与国外无显著代差,量子通信具备领跑优势,量子计算和量子精密测量正由跟跑向并跑迈进,有望通过前瞻布局、构建"量子+"产业生态实现领跑。三是国家高度重视量子信息,2023 年年底召开的中央经济工作会议强调要大力推进新型工业化、开辟量子等未来产业新赛道、加快传统产业转型升级等,表明了中央支持发展量子产业的坚定决心。

二、制约产业高质量发展的五个问题

(一)基础研究和技术研发能力有待进一步增强

目前国内科研成果基本都是基于国外最先进的仪器和装备,基础研究和关键技术研究底座不稳,长期将影响产业创新能力。尽管国内在量子通

信和量子计算等领域取得部分技术突破,但与美、英、日等技术强国相比,在量子比特控制和保护技术、量子纠错等关键技术上仍存在较大差距,现有量子计算机的连续稳定运行能力不足。同时,目前高校及科研院所开展国际合作较为困难,主要交流对象是日本、韩国、新加坡等国,形式多为项目合作、学术交流,而缺乏与美英等技术强国的深度交流与合作,这对基础研究和技术研发极为不利。

(二)供应链安全有待进一步重视

受美国出口管制影响,目前在装备、器件、材料、软件和操作系统等方面均存在不同程度的限制:在装备方面,电子束曝光机、400μW 以上稀释制冷机等均无法从海外进口,限制了国内量子芯片微纳加工能力,导致 100 比特以上量子计算机研制进程迟滞。在器件方面,低温传感器、超稳窄线宽激光器、滤光片、低温恒温器、低温环形器等存在"卡脖子"风险,导致极低温环境、激光发射等实验条件难以创造。在材料方面,碱金属材料(铷 87、铯 133)、氦 3 气体等也高度依赖国外进口,对量子计算和量子精密测量的精度影响较大。此外,一些处于出口管制参数边缘的量子传感器(如 20pT 以下磁力仪等),国内进口通常会被人为掺杂噪声因子,影响后续研发和使用。

(三)国产产品应用牵引力度有待进一步加强

国内量子企业普遍规模小、产品种类单一、产能有限,且量子器件作为创新产品很难直接进入电网、能源、交通等垄断行业的各级供应链。当前,国内企业已研发成功量子电流互感器,但由于涉及器件稳定性、安全性和测试成本等系列问题,电网公司不愿付出高昂成本对传统产品进行替换。此外,医院、高校等单位购买国外设备过程中落实进口论证不到位,往往优先从国外进口原子力显微镜、量子磁场共振检测仪、量子自旋磁力仪等量子仪器,这些仪器由于被列入《进口仪器免税清单》,价格较国产同类型产品低廉,弱化了国产产品进入下游应用市场的优势。

（四）技术成果转化机制有待进一步完善

国内研究机构和企业缺乏沟通合作的平台与机制，成果转化和知识产权开发较为困难，特别是中科院系统成果转化程序较为烦琐、时间跨度长达 2～3 年，影响技术孵化效率，不仅需要与中科院部门、省内部门沟通，还需要在财政部知识产权司和科教文卫司备案。多元化支撑服务平台缺乏，国内的量计算平台、量子极限传感平台、拓扑量子材料平台、先进科学仪器研究平台等数量较少，直接建造成本高昂，相关的中试平台也比较匮乏。此外，社会资本进入量子信息领域较少，主要原因在于投入大、应用前景不明朗，与国外的投资环境反差明显。

（五）人才培养力度有待进一步提升

目前我国量子信息领军人才多为美日留学归国人员，国内后备人才培养体系较为单一，主要来自中国科学技术大学、清华大学等高校硕博研究生培养；量子信息企业专业人才比重不高，研发人员和工程技术人员占比仅 50% 左右，销售人员占比较高，尤其是精密测量、仪器、传感器等系统工程人才极度短缺。自 2021 年起，国内高校才设立量子信息科学本科专业和量子科学与技术博士学位点，人才培养起步晚，无法及时填补我国量子信息人才的缺口。

三、对策建议

（一）加强顶层设计

瞄准量子信息产业全球竞争态势，科学规划我国发展路径和布局重点，面向量子计算、量子通信、量子精密测量等重要方向，科学规划未来五至十年产业发展路径、重点技术布局和关键产品应用，着力提升量子信息全球竞争能力和创新水平。发布我国量子信息发展路线图，瞄准关键核心

技术和产业化共性问题,客观分析各细分领域技术创新预期目标与产业化时间,结合路线图进一步优化现有科技专项资助方向和力度。

（二）夯实基础研究和保障能力

鼓励跨学科研究,推动凝聚态物理、理论物理、材料、电子学等专业方向与量子信息基础研究交叉融合,打造"量子＋"多学科基础研究氛围。加快特种实验室建设,加强低温电子学、低温 CMOS 工艺研究,打造具有超低温、冷原子、量子光学、固态量子系统实验能力的新型研发窗口。切实保障国内量子信息产业链、供应链安全,针对断点环节系统梳理对外依赖情况,对接量子国家实验室,培育国内可替代资源。针对优势环节,鼓励大学衍生企业、新型研发机构孵化企业、科学家创业,缩减创业手续流程,创新利益分配机制,促进多方互利共赢。

（三）完善研发和产业化基础设施

整合国内现有科教资源,支持地方政府和研究机构积极共建量子计算平台、量子极限传感平台、拓扑量子材料平台、先进科学仪器研究平台等多元化支撑平台。加快"量超融合""量子保密通信干线"建设,带动形成一批中试平台、验证平台。瞄准量子精密测量、量子通信等产业化速度较快的领域,布局量子信息工程技术研究中心、技术转化与孵化服务平台、产业基础共性技术平台,加快推动相关技术试点应用和规模化应用。

（四）加强国产产品应用牵引

在资源勘探、航空航天等深度关联国家安全的多领域,建立研发机构与最终用户的直接对话通道,加强核心技术协同攻关,促进产品迭代升级。推进电力、能源、交通领域加强示范引领,可考虑采取"揭绑挂帅"、科技专项等方式进行定制化研发,鼓励医院、高校在产品采购过程中给予国产产品适度倾斜。在电子政务、智慧城市等领域,要更大力度支持国内量子技术和产品加快示范应用,有重点、分阶段地持续投入,避免盲目重复投资和不良竞争。

（五）拓展国际交流合作渠道

以量子科研和产业力量为主体，联合国内产学研用力量，吸纳金砖国家、"一带一路"共建国家等中国传统盟友加入。积极推动我国优势量子通信产品设备走出去，帮助优化国家量子保密通信网络建设。鼓励量子计算龙头企业走出国门，逐步开拓东南亚市场，帮助东南亚建设第一台量子计算机。提升量子科技联盟国际化水平，着力打破以西方为主体的生态封锁。利用中外教育合作、科技合作等项目，推广中国量子计算编程语言、量子操作系统，培育用户习惯，提升中国量子科技国际话语权。

第19篇　全球量子(信息)技术发展最新动态[①]

报告核心内容

当前,以量子计算、量子通信、量子传感为主要内容的量子信息技术已成为国际科技竞争的关键领域,量子技术开拓了信息技术发展的新方向,将会对我国国际战略竞争、国家安全、产业发展等方面带来重大影响。近年来,全球量子技术发展加速,各国对量子技术的政策制定、技术研发、产业应用、国际合作已全方面铺开。本报告放眼全球,追踪全球主要国家及地区的量子技术发展情况,以期提供一份展现全球量子技术发展态势的全景图,为我国量子技术发展提供更多有益参考。

本报告在政策制定方面梳理了全球量子技术发展支持政策与出口管制政策的动态;在技术研发方面总结归纳了各国量子技术投入情况与成果动态;在产业发展方面系统分析了全球量子技术产业链体系、企业布局和投融资发展情况;在国际合作方面分析了当前量子技术国际合作的现状及挑战;最后提出了四点关于我国量子技术发展的建议。

---

① 本报告于2023年年底撰写。撰写人为:岑晓腾[之行智库(杭州)有限公司总经理]、吴伟(浙江大学中国科教战略研究院副研究员)、吕梦婷[之行智库(杭州)有限公司研究专员]等。

一、全球量子技术政策动态

(一)全球量子技术发展支持政策概述

1. 美国出台政策多范围广力度大[①]

美国高度重视量子技术的发展。自拜登上台以来,美国政府出台了一系列推动量子技术发展的政策,为美国量子技术的发展提供了良好政策环境。整体来看,美国政府出台的量子技术相关政策较多,涉及范围较广,且支持力度较大。

在产业支持方面,美国白宫科技政策办公室(OSTP)、美国国家量子倡议咨询委员会(NQIAC)、美国国家科学技术委员会(NSTC)等是量子技术政策制定的主要部门。此外,美国还成立了量子经济发展联盟(QED-C)。这些机构即时追踪量子技术的发展情况,并为其定制最新政策。2022 年 5 月,拜登签署的一项行政命令将美国国家量子倡议咨询委员会直接置于白宫领导之下,以便进一步推动政策制定。自 2020 年开始,美国出台了《国家量子倡议再授权法案》(The National Quantum Initiative Reauthorization Act)、《确保美国科学技术领导地位法案》(SALSTA)、《量子实践法案》(The Quantum in Practice Act)、《QUEST 法案》、《支持量子供应链法案》(Support for Quantum Supply Chains Act)等政策,以推动美国量子技术产业的发展。2024 年 2 月,美国白宫科技政策办公室(OSTP)发布了由美国国家科学技术委员会(NSTC)等机构完成更新的 2024 年版关键和新兴技术清单(CETs)。将 2022 年版的"量子信息技术"扩展为"量子信息和使能技术",具体包含量子计算,量子器件的材料、同位素和制造技术,量子传感,量子通信与网络,支持系统等内容,说明美国在 2024 年对

---

① 资料来源:美国白宫网站,之行智库整理。

量子技术的重视提高到了一个新的高度。

在技术支持方面,美国近年来成立了量子信息科学小组委员会(SCQI)、国家量子协调办公室(NQCO)、国家量子计划咨询委员会(NQIAC)等机构,并将量子技术研发及项目管理的工作交由国家科学基金会(NSF)、能源部(DOE)、国家标准与技术研究所(NIST)等部门进行,包括咨询机构、监督机构、研发资助机构等类型。同时,美国高度重视量子技术的军事作用,在空军和太空部队领域,将美国莱特—帕特森空军基地空军研究实验室(AFRL)设立为量子信息科学研究中心。此外,为了支持量子技术研发工作,美国政府出台了《能源部和国家科学基金会跨部门研究法案》等相关政策,并提升了针对量子技术研发的政府资金支持力度。在 2018 年 12 月启动的“国家量子行动法案”中,2019—2023 年期间,美国政府共投入 30 亿美元以支持量子技术的发展。2023 年 3 月,拜登政府出台了 2024 年政府预算案,计划将 2100 亿美元投入包括量子技术在内的新兴技术。2023 年 10 月,拜登政府宣布在全美建立 31 个地区技术中心,其中芝加哥地区和科罗拉多州被选为建立量子技术中心。

2. 欧盟和欧洲国家同步跟进政策①

在欧洲,英国、法国、捷克、爱尔兰等国家陆续出台了国家量子战略,通过明确的政策和投资支持推动量子技术的发展,这些政策不仅涉及技术研发和应用,还包括教育、培训、标准化和国际合作等多个方面。

匈牙利于 2017 年就开始实施量子技术的国家发展计划[HunQuTech(2017—2021)],也是欧盟国家中首批实施量子领域质量技术专项计划的国家之一。2020 年,匈牙利启动了“量子信息国家实验室计划”,计划在 5 年内共投资 1500 万欧元,优先发展量子通信网络、量子计算和模拟系统。

荷兰于 2021 年制定了“量子技术发展国家计划”(QDNL),计划在

---

① 资料来源:欧盟和欧洲各国相关资助/管理机构网站,之行智库整理。

2021—2028 年共拨款 6.15 亿欧元,优先发展量子计算与模拟、国家量子网络和量子传感应用。

法国于 2021 年 1 月发布了量子技术国家战略,计划 5 年内在量子技术领域投入 18.15 亿欧元,确定了量子模拟器和量子加速器、量子计算机、量子传感器、后量子密码学、量子通信等重点发展方向。

奥地利于 2021 年 6 月制定了"量子奥地利"政策,规划了 2021—2026 年量子技术的发展路线,共投资 1.07 亿欧元,致力于量子技术的基础研究和系统研究、建立高性能实验室和技术设备、提高本国在高性能量子计算领域的能力。

拉脱维亚于 2022 年提出了"拉脱维亚量子倡议"(Latvian Quantum Initiative),旨在协调与量子技术相关的活动,参与欧洲量子技术合作网络,关注量子技术产业的发展需求。同年,在拉脱维亚通过的《内阁条例》中也提到,要加强量子技术领域的发展,在 2026 年之前对量子技术进行公共投资(约 619 万欧元)。

西班牙通过了"量子西班牙"计划,旨在促进量子计算基础设施建设,计划拨款 2200 万欧元;还通过了"量子通信补充计划",旨在促进量子通信技术的开发与实施,总预算为 7600 万欧元。

瑞士于 2023 年出台了"瑞士量子倡议"(SQI),旨在加强量子技术的研发,加强国际量子网络建设,由瑞士国家科学基金会管理,共投资 1000 万瑞士法郎。

芬兰于 2023 年出台了"芬兰量子议程"(FQA),提出将为芬兰科学院提供为期 4 年、共 1200 万欧元的研究资助,为芬兰本土量子技术企业提供为期 4 年、最高 3000 万欧元的发展资助。

英国早在 2014 年就制定了世界上第一个国家量子技术计划——英国国家量子技术计划(NQTP),并于 2023 年 3 月出台了国家量子战略。英国为未来 10 年量子技术的发展进行了规划,将投资 25 亿英镑,其目标包

括技术研发、企业落地、推动技术应用、促进行业监管等。

德国 2020 年"一揽子经济刺激计划"中,提到要支持量子技术领域的研究项目及相关活动。2022 年,德国联邦教育与研究部(BMBF)启动了为期 10 年的"量子系统研究计划",旨在促进德国在所有量子技术领域的研究。2023 年 4 月,德国政府又通过了"量子技术行动计划",制定了技术应用、技术开发、建立生态系统 3 个优先事项,并为此提供约 30 亿欧元的经费。

丹麦于 2023 年 6 月和 9 月分别发布了"丹麦量子技术战略"第一部分和第二部分,丹麦将在 2023—2027 年共投资 1.5 亿欧元,用于量子技术的基础和应用研究,并将进一步增加对哥本哈根大学尼尔斯—玻尔研究所的投资。

爱尔兰于 2023 年 11 月,发布了首个量子技术国家战略——"量子2030"(Quantum 2030),提出要集中在量子技术的新兴增长领域以取得竞争优势,支持基础研究和应用研究,培养顶尖人才,加强国际合作,促进创新创业,提升公众认知。

意大利暂未出台具体的针对量子技术的发展政策,但于 2022 年提出了国家复兴计划(PNRR),为量子技术发展拨款了 1.70 亿欧元,计划在 3 年内使意大利成为量子计算机、量子模拟器领域的主要参与者,促进量子传感的发展,促进量子技术高等教育培养进展。表 1 梳理了欧洲部分国家近年来出台的量子技术的相关政策信息。

表 1　欧洲部分国家量子技术相关政策(2020—2023 年)

国家	政策名称	资助/管理机构	发布时间
匈牙利	量子信息国家实验室计划	匈牙利国家研究、发展与创新办公室(NKFIH)	2020 年
荷兰	量子技术发展国家计划(QDNL)	荷兰国家增长基金(NGF)	2021 年

续表

国家	政策名称	资助/管理机构	发布时间
法国	量子技术国家战略(2021—2026)	法国国家研究署(ANR)	2021 年 1 月
奥地利	量子奥地利(Quantum Austria)	奥地利研究促进局(FFG); 奥地利科学基金(FWF)	2021 年 6 月
拉脱维亚	拉脱维亚量子倡议(Latvian Quantum Initiative)	拉脱维亚科学理事会(LZP)	2022 年
西班牙	量子西班牙(Quantum Spain)	西班牙经济部	2022 年
西班牙	量子通信补充计划(Complementary Plan for Quantum Communication)	西班牙科学与创新部	2022 年
瑞士	瑞士量子倡议(SQI)	瑞士国家科学基金会(SNSF)	2023 年
芬兰	芬兰量子议程(FQA)	芬兰科学院	2023 年
英国	英国国家量子战略	英国科学、技术与创新部(UKRI)	2023 年 3 月
德国	量子技术行动计划(2023—2026)	德国联邦教育与研究部(BMBF)	2023 年 4 月
丹麦	丹麦量子技术战略(2023—2027)	丹麦创新基金会(Innovation Fund Denmark)	2023 年 6 月
爱尔兰	量子 2030(Quantum 2030)	爱尔兰继续教育、高等教育、研究、创新和科学部	2023 年 11 月

欧盟于 2016 年公布了量子技术领域一项新的联合资助计划——"量子时代计划"(QuantERA),并在 2018 年 10 月启动了"量子技术旗舰计划",总投入金额超过 40 亿欧元,旨在支持欧洲量子技术研发成果的商业转化,为量子计算、量子模拟、量子通信、量子传感 4 个领域的研究提供资助。该计划将持续 10 年,目前已成功度过了启动阶段(2018—2022 年),

进入下一阶段。

2021年，欧盟已成功启动了第二次"量子时代计划"（QuantERA II），目前已有31个国家加入。欧洲一些没有出台本国独立的量子技术政策的国家（如爱沙尼亚、希腊、立陶宛、葡萄牙等），主要通过"量子时代计划"来促进本国的量子技术发展。

2023年12月，法国、芬兰、比利时等11个欧盟成员国联合签署了《欧洲量子技术宣言》，承诺在量子技术领域进行协调合作。欧盟计划到2025年，欧洲将拥有第一台量子加速计算机，到2030年成为量子技术发展的前沿阵地。

3. 亚太地区多国发布高规格国家战略[①]

除了中国以外，日本、韩国、澳大利亚等亚太地区主要国家也十分重视量子技术的发展。日本科学技术振兴机构（JST）、韩国科学技术信息通信部（MSIT）、韩国国家研究基金会（NRF）、澳大利亚研究委员会（ARC）、澳大利亚工业、科学和资源部（DISR）等是亚太地区主要的相关科研管理机构。2023年4月，日本政府宣布将投资4.2亿日元以扩大云平台上的共享量子计算能力。这些国家持续发布了量子技术国家发展战略，为本国量子技术发展提供大量支持，旨在世界量子技术竞争中获得一席之地。

2019年8月，日本科学创新与研究部出台了《面向社会的光子学和量子技术5.0研发计划》，指明了未来量子技术的研发侧重点。2020年，日本发布了《量子技术与创新战略》，提出要创建8个新的量子技术研发中心。2022年，日本政府制定了《量子未来社会愿景》，规划了未来量子技术创新及应用的具体蓝图。

2022年6月，韩国通过了《2023年度国家研究开发事业预算分配调整法案》，提出将在量子计算领域投资953亿韩元（约5亿元人民币），同比提

---

① 资料来源：日本、韩国、澳大利亚政府网站，之行智库整理。

升 36.3%。2023 年 6 月,韩国政府和私营部门将在 2023—2035 年共同投资 3 万亿韩元(约 166 亿元人民币),以支持韩国量子技术的不断发展。韩国建立了量子技术开发支援部,2023 年 8 月发布了韩国量子技术战略,制定了自主研发量子计算机、成为量子网络强国、抢占全球市场等政策目标。2023 年 10 月,韩国通过了《促进量子科学技术和量子产业法案》,提出将促进量子产业发展、培养人才、建立研究基地与集群、开展国际合作。

澳大利亚的科学、技术与创新部门于 2023 年 5 月发布了首个国家量子战略,提出政府将投资于量子研究(1.41 亿美元)、人才(4500 万美元)和商业化(1.69 亿美元),计划到 2030 年创造价值约 22 亿澳元的量子产业。

(二)全球量子技术出口管制政策概述

1. 美国是量子技术出口管制的主导者

当前,量子技术已成为影响一国未来发展走向的关键技术,也成为中美竞争的关键领域。因此,美国以"国家安全"为借口,在量子技术上采取出口管制政策,以期达到对中国进行"技术封锁"的目的。美国制定了关键技术出口管制清单,在各机构制定的清单中,量子技术几乎全部包含在内。在 2022 年 10 月 7 日更新的出口管制措施中,美国限制了量子技术、半导体等高新技术对中国的出口,禁止被投资企业在其他国家使用政府投资,并限制企业与构成国家安全风险的外国企业开展研究合作。2023 年 8 月,拜登政府发布关于境外投资审查的行政命令,禁止私募股权和风险投资公司在中国进行量子技术、先进半导体领域的投资。

2. 欧洲也愈加注重量子技术安全发展

2020 年 7 月,欧盟出台了《欧盟新安全联盟战略(2020—2025)》,说明了欧盟对当前世界局势变化引起的安全威胁的担忧,体现了欧盟对经济安全、政治安全、技术安全等的重视。2021 年 5 月,欧盟理事会通过新修订的《欧盟两用物项出口管制条例》,并于 2021 年 9 月开始生效。其中受到出口管制的物项包括高性能计算机、电信和信息安全产品、传感器和激光

器等,在这些类型的产品中,量子技术的相关产品很有可能被包含在内。

在量子技术领域,欧盟及欧洲国家目前还未出台十分明确的出口管制政策。但在 2023 年 6 月,荷兰政府正式宣布,对光刻机等半导体制造设备实施出口管制。由此可见,未来欧洲可能也会在量子技术领域出台类似的出口管制政策。

3. 日韩澳可能跟随美国制定类似政策

日本作为美国的盟国,持续支持美国对中国的出口管制政策,将人工智能、生物工程、量子计算等关键技术作为出口管制对象,并定期动态调整出口管制范围内的产品对象。2023 年 7 月 23 日,日本对先进半导体制造设备的出口管制正式生效。2023 年 8 月,美国总统拜登和日本、韩国领导人在戴维营举行会晤,以加强三方的军事和经济伙伴关系。2021 年 11月,澳大利亚政府发布了《关键技术蓝图》(Blueprint for Critical Technologies)报告,明确了量子技术,传感、授时与导航,计算与通信等 63项关键技术,并指出要最大程度地确保澳大利亚的关键技术安全。2021年 9 月,澳大利亚和英美一起共同建立了一个三边安全伙伴关系(AUKUS),不仅限于共同促进核技术发展。因此,尽管日韩澳暂未对量子技术出台明确的出口管制政策,但未来极有可能跟随美国脚步制定类似政策。

二、全球量子技术研发动态

(一)全球量子技术研发投入动态

1. 研发机构类型多样

量子技术的研发机构包含企业型研发机构、高校及科研院所等。其中,企业型研发机构的领域更为细分,通常只专注于量子技术中具体的某

个领域,而高校及科研院所涉及领域更为广泛。

(1)企业型研发机构

企业型研发机构主要包括大型科技公司和初创型科技公司。大型科技公司以传统布局为主,量子技术领域的全球大型科技公司主要有 IBM(美国)、Google(美国)、Intel(美国)、TOSHIBA(日本)、NVIDIA(美国)等,美国在数量和质量上均处于领先地位。

初创型科技公司包括从大型科技公司中分离重组的公司,以及从高校科研院所中独立的公司,这些初创公司已成为量子技术研发不可或缺的重要力量。在量子计算领域,主要有专注于离子阱量子计算技术的 IonQ(美国)、Quantinuum(美国)、Universal Quantum(英国);专注于光量子计算技术的 Xanadu(加拿大);专注于中性原子量子计算技术的 Atom Computing(美国)、Pasqal(法国);专注于量子退火计算技术的 D-Wave(加拿大)、Qilimanjaro(西班牙);专注于硅基量子计算设备制造技术的 Equal1(爱尔兰);以及专注于量子纠错堆栈技术的 Riverlane(英国)、专注于超导量子计算技术的 Rigetti(美国)等。在量子通信领域,初创科技公司主要有专注于量子通信核心元器件制造技术的 ID Quantique(瑞士);专注于量子密钥分发技术(QKD)的 Arqit(英国)、Terra Quantum(瑞士)等。

(2)高校及科研院所

据兰德公司统计[①],2011—2020 年美国最好的量子技术研究机构主要有麻省理工学院、马里兰大学、哈佛大学、加利福尼亚大学伯克利分校、加利福尼亚大学圣芭芭拉分校、加州理工学院、普林斯顿大学、斯坦福大学、密歇根大学、耶鲁大学、洛斯阿拉莫斯国家实验室(LANL)、美国国家标准与技术研究院(NIST)、普渡大学、橡树岭国家实验室(ORNL)、科罗拉多

---

① RAND Corporation. An Assessment of the U. S. and Chinese Industrial Bases in Quantum Technology[R/OL]. (2022-02-02)[2023-12-29]. https://www. rand. org/pubs/research_reports/ RRA869-1. html.

大学、芝加哥大学、得克萨斯农工大学、路易斯安那州立大学、罗切斯特大学等。

欧洲研究量子技术的高校及科研院所主要有德国于利希研究中心(FZJ)、法国凯捷量子实验室(Q-Lab)、德国马克斯·普朗克学会(MPS)、欧洲核物理及相关领域理论研究中心(ECT)、意大利帕多瓦大学、西班牙巴塞罗那超级计算中心(BSC)、爱尔兰高端计算中心(ICHEC)、德国慕尼黑工业大学(TUM)、西班牙光子学科学研究所(ICFO)、葡萄牙里斯本大学等。

日本东京大学、日本量子科学技术研究开发机构(QST)、日本理化学研究所(RIKEN)等科研机构是日本量子技术研究的主力。2020年,日本发布的《量子技术创新战略》中提出,要在2025年前另外建立5个以上的"量子技术创新中心",如量子软件研究中心、量子材料研究中心、量子安全研究中心等。韩国科学技术院(KAIST)、首尔大学、成均馆大学等是韩国量子技术的主要科研机构。新南威尔士大学(UNSW)、澳大利亚量子计算与通信技术中心(CQC2T)、悉尼大学等是澳大利亚量子技术的主要科研机构。为了促进量子技术的持续研发,悉尼大学、悉尼科技大学、麦考瑞大学和新南威尔士大学联合成立了悉尼量子学院,且新南威尔士大学于2020年开设了全球首个量子工程本科专业。

近年来,各类大型科技公司、初创科技公司与高校及科研院所之间的合作越来越频繁。例如,美国国家量子实验室(QLab)就是于2023年9月由马里兰大学和IonQ公司合作建立的量子研究中心。

2. 研发人才整体短缺

整体上看,各国在量子技术高端人才方面都较为缺乏。2022年2月,美国国家科学技术委员会的"QIST(量子信息科学技术)人才队伍发展战略计划"得出结论:各级QIST人才短缺。麦肯锡咨询公司对2021年量子人才进行了调查,发现量子技术领域的招聘岗位数量是对口毕业生数量的

3 倍左右。基于此,各国都相继出台了一系列提升量子技术人才供给的相关举措,主要包含招聘和培养两方面内容。

对美国来说,2022 年 2 月,美国白宫发布"量子劳动力发展计划",以扩大科学、技术、工程和数学(STEM)人才队伍,并希望广泛引进国际优质人才;2021 年美国政府发布《量子网络基础设施和劳动力发展法案》,提出将量子力学、量子信息等纳入中小学和高等教育课程。《2021 年国家量子安全法案》中,提出将增加获得量子信息相关专业学位的毕业生数量。

对欧洲及亚太地区来说,美国吸引了大量量子技术人才,人才流失严重。为了激励并保护这些人才,2022 年 4 月,英国工程和物理科学研究理事会(EPSRC)对 12 名研发人才共资助 1000 万英镑,用于帮助他们开展独立研究。同时,英国还设置了长期的"量子技术职业发展奖学金"以资助更多研发人才;日本启动量子人才培养项目,并将量子技术知识放进中小学课程;澳大利亚在高中物理学科中增设了量子物理等量子技术相关的课程;韩国在 2023 年 6 月提出,计划将通过政府和企业的努力,将量子技术的骨干人才增加至目前的 7 倍。

(二)全球量子技术研发产出动态

近年来,世界各国量子技术的研发产出加速。从专利数量看,据麦肯锡咨询统计①,2000—2022 年,中国在量子技术上获得的专利数量所占的比例最高,为 52.3%,其次分别为日本(13.8%)、欧盟(13.8%)、美国(10.0%)、韩国(3.6%)等国家;从论文数量看,2021 年中国和欧盟的论文数量占比最高(22.1%),其次为美国(10.4%)、英国(3.7%)、日本(2.9%)、韩国(2.4%)等国家。由于各种研发产出众多,在此仅选取 2023 年以来研发意义重大的成果进行论述。

---

① Mckinsey & Company. Quantum Technology Monitor[R/OL]. (2023-04)[2023-12-29]. https://www.mckinsey.com/~/media/mckinsey/business%20functions/mckinsey%20digital/our%20insights/quantum%20technology%20sees%20record%20investments%20progress%20on%20talent%20gap/quantum-technology-monitor-april-2023.pdf.

1. 量子计算发展迅速，应用落地可能性越来越大

2023 年 6 月，IBM 公司团队首次证明量子计算机在超 100 个量子比特（127 个超导量子比特）的情况下也能产生准确的结果，证明量子计算机可以通过学习纠错超越先前的超级计算。2023 年 8 月，奥地利和美国的研究人员以费米子原子为基础，设计了一种新型量子计算机，扩大了原先传统量子计算机的应用领域。2023 年 10 月，麻省理工学院的研究人员发现了一种新型超导量子比特架构，主要使用了"Fluxonium"这种超导量子比特，将两个量子比特之间进行特殊耦合，精确度得到较大提升。2023 年 11 月，D-Wave 公司的退火量子计算系统首次成功实现了量子纠错。2023 年 11 月，美国国家航空航天局（NASA）国际空间站的冷原子实验室首次在太空中制造出含有两种原子的量子气体，标志着地球上可用的量子技术有可能可带入太空。2023 年 12 月，IBM 发布了首款模块化量子计算机系统，让量子计算距离大规模实用化更进一步，并推出了全新量子芯片"苍鹭"和量子计算机，进一步更新了其量子处理器的性能。总体来看，IBM 公司引领着全球超导量子计算的技术发展，美国因此在超导量子计算领域有着领先的国际地位。

2. 量子通信技术持续进步，各国加快应用与投入

2023 年 2 月，美国佛罗里达大西洋大学量子物理实验室的研究人员演示了美国第一个基于无人机的移动量子网络，包括地面站、无人机、激光器和光纤，以共享量子安全信息。2023 年 5 月，波兰华沙大学物理学院的研究人员开发出一种新型技术，可使量子信息传输速度提高数十倍，有助于未来超高速量子互联网的发展。2023 年 6 月，瑞士的量子技术公司Terra Quantum 创造了用量子加密保护远程量子通信的世界纪录，验证了实现远程量子安全通信的新方法，有望保证全球现有光纤网络的安全性。2023 年 7 月，美国首个商用量子网络——由 Qubitekk 提供支持的 EPB 量子网络——已接受潜在客户的申请，标志着美国的量子网络已开始投入使

用。2023 年 9 月,阿联酋阿布扎比技术创新研究所(TII)发布了全球首个可用于评估后量子密码学方案是否安全的开源软件库——密码估算器(Crypgraphic Estimators)。

3. 量子传感应用范围广,但研究成果数量较少

2023 年 5 月,英国赫瑞—瓦特大学、爱丁堡大学的研究团队发布文章称,首次实现了利用量子探测技术在水下潜行时捕捉 3D 图像。2023 年 6 月,量子信息公司 Infleqtion、科罗拉多大学共同研发了世界上第一个支持量子传感的高性能加速度计,专为定位、导航和授时应用而设计。2023 年 8 月,麻省理工学院研究人员发现了一种调控金刚石自旋密度的技术,可以帮助提高量子传感器的性能,突破现有的量子传感精度极限。

三、全球量子技术产业动态[①]

量子技术包含量子计算、量子通信和量子传感三大应用领域,狭义上分别可以提升计算处理速度、增强信息传输安全保障能力、改善测量精度和灵敏度。据波士顿咨询预测,到 2030 年,全球量子技术市场规模将达到 200 亿~400 亿美元,其中量子计算市场规模 150 亿~300 亿美元,量子通信市场规模 40 亿~60 亿美元,量子传感市场规模 30 亿~50 亿美元。

据麦肯锡咨询预测,2030 年之前,量子计算在化工、制药、汽车、金融服务行业的应用将显著增加;到 2035 年,量子计算在可持续能源、化工、制药、金融服务行业的应用将产生颠覆性影响(如表 2 所示)。

[①]　本节内容主要参考 Mckinsey & Company、QuantERA、Boston Consulting Group 等机构的报告,以及全球主要量子技术企业官网,之行智库整理。

表 2　量子计算未来行业应用前景估计

行业	分类	2025—2030 年	2030—2035 年
全球能源和材料	石油和天然气	＋	＋＋
	可持续能源	＋	＋＋＋
	化学品	＋＋	＋＋＋
生命科学	制药	＋＋	＋＋＋
先进产业	汽车	＋＋	＋＋
	航空航天与国防	＋	＋＋
	先进电子技术	＋	＋＋
	半导体	＋	＋＋
金融	金融服务	＋＋	＋＋＋
电信、媒体和技术	电信	＋	＋＋
	媒体	＋	＋＋
旅行、运输和物流	后勤	＋	＋＋
保险	保险	＋	＋＋

注:＋表示行业经济价值"增加",＋＋表示行业经济价值"显著增加",＋＋＋表示行业经济价值"颠覆性增加"。

（一）全球量子技术企业发展动态

大型企业中,已上市的有美国的谷歌（Google）、微软（Microsoft）、国际商用机器公司（IBM）、亚马逊（Amazon）、英特尔（Intel）、霍尼韦尔（Honeywell Quantum）、雷神（Raytheon）、英伟达（Nvidia）,日本的东芝（Toshiba）、富士通（Fujitsu）、日本电气（NEC）,以及中国的阿里巴巴和百度。

初创企业中,已上市的有美国的 Rigetti Computing、Quantum Computing、IonQ,以及加拿大的 D-Wave Systems。此外,美国公司 Zapata AI（原名 Zapata Computing）于 2023 年 9 月 6 日宣布已与一家 SPAC 公司（公开交易的特殊目的收购公司）签订最终的业务合并协议,合

并交易完成后该公司预计将在纽约证券交易所上市。目前所有已上市的量子初创企业均聚焦于量子计算领域(如表 3 所示)。

表 3　全球已上市的量子初创企业

企业名称	总部地址	行业大类	主营业务	成立时间	上市时间
Quantum Computing (NASDAQ:QUBT)	美国弗吉尼亚州	量子计算	量子计算机开发现成的软件应用程序	2001 年	2021 年
D-Wave Systems (NYSE:QBTS)	加拿大不列颠哥伦比亚省	量子计算	量子退火、基于门的量子计算	1999 年	2022 年
Rigetti Computing (NASDAQ:RGTI)	美国加利福尼亚州	量子计算	量子计算机的构建与运行	2013 年	2022 年
IonQ (NYSE:IONQ)	美国马里兰州	量子计算	量子计算机构建与运行	2015 年	2021 年
Zapata AI(原名 Zapata Computing)	美国马萨诸塞州	量子计算	量子计算机软件开发	2017 年	2023 年 9 月 6 日宣布即将上市
科大国盾量子技术股份有限公司	中国安徽省合肥市	量子通信	量子保密通信产品研发	2009 年	2020 年

资料来源:各公司官网,之行智库整理。

初创企业中,美国企业包括 Quantum Computing、Rigetti Computing、IonQ、Sandbox 等,欧洲企业包括 Atos Quantum(法国)、Pasqal(法国)、IQM Quantum Computers(芬兰)、Terra Quantum(瑞士)、Oxford Quantum Circuits(英国)、Q. ANT(德国)等,日本企业包括 QunaSys、NanoQT 等,韩国企业包括 First Quantum、Qunova Computing 等,澳大利亚企业包括 Silicon Quantum Computing、Q-CTRL 等,中国企业包括本源量子、国盾量子、国仪量子、华翊量子、玻色量子、启科量子等。2020—2021 年成立的初创企业中,80%的企业业务聚焦在量子计算领域。

　　全球每年新成立的量子技术初创企业数量自 2014 年后急剧增长，2018 年新增量子企业数达 58 家，但自 2018 年以来有放缓趋势，2022 年新增企业数量仅 19 家，与 2015 年水平接近（如图 1 所示）。造成该现象的原因可能在于人才链供应短缺以及量子科技成果转化不畅等。

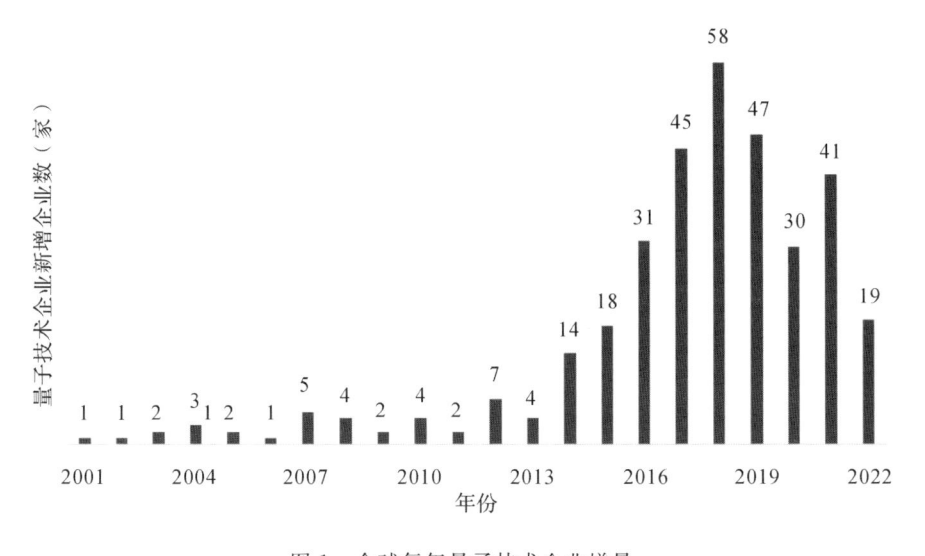

图 1　全球每年量子技术企业增量

　　在量子计算领域，截至 2022 年，美国量子计算初创企业数量最多，共有 72 家，加拿大次之，共 28 家，日本、中国、印度量子计算初创企业分别为 14 家、9 家和 6 家。2021 年至 2022 年，美国新增量子计算初创企业 12 家，德国、英国和法国分别增加 4 家、3 家和 3 家，日本、中国、印度新增量均为 1 家。

　　在量子通信领域，截至 2022 年，美国量子计算初创企业数量最多，共有 20 家，而中国以 16 家位居第二，其后分别为英国、加拿大、法国等欧美国家，而新加坡、日本、印度、韩国等亚太国家数量较少。2021 年至 2022 年，量子通信领域的初创企业新增量不多，仅美国、加拿大等各有 1 家增量。

　　在量子传感领域，美国依然以 14 家初创企业位居榜首，瑞士、法国、德国、英国等欧洲国家各有 4 至 5 家，中国以 3 家排名第六，日本、新加坡各有 1 家。2021 年至 2022 年，仅有美国和德国各新增 1 家量子传感初创企

业(如表 4 所示)。

表 4　全球量子技术初创企业数量

量子计算领域			量子通信领域			量子传感领域		
区域	累计	新增	区域	累计	新增	区域	累计	新增
美国	72	12	美国	20	1	美国	14	1
加拿大	28	2	中国	16	0	瑞士	5	0
英国	22	3	英国	14	0	德国	5	1
日本	14	1	加拿大	9	1	法国	4	0
德国	12	4	法国	4	0	英国	4	0
法国	11	3	德国	3	0	中国	3	0
中国	9	1	荷兰	3	0	荷兰	2	0
澳大利亚	8	1	瑞士	3	0	丹麦	2	0
西班牙	8	1	新加坡	3	0	澳大利亚	1	0
荷兰	7	1	西班牙	3	1	加拿大	1	0
全球	248	36	全球	95	5	全球	46	2

注:"累计"表示截至 2022 年底的累计企业数量;"新增"表示 2021—2022 年间的新增企业数量。

(二)全球量子技术投融资动态

2001 年至 2022 年,全球对量子技术初创企业的投资额约为 69.54 亿美元。其中,47.9% 的资金流向了美国企业,对加拿大和英国企业的投资额约为美国的 2/3,流向欧盟国家和中国的投资总额仅占约 7.2% 和 4.3%。从资金来源来看,风险投资和其他私人资金占比接近 80%,风险投资以 A 轮—D 轮为主,种子轮和 E 轮占比较少(如图 2 所示)。

中国对量子技术的投资以公共投资为主,美欧等则以私人和企业投资模式为主。据麦肯锡咨询估计,截至 2022 年,中国政府已宣布的资助总额为 156 亿美元,几乎是欧盟(84 亿美元)的 2 倍,是美国(37 亿美元)的 3 倍多,而日本公共投资额约为 18 亿美元(如图 3 所示)。Quantum Insider 的研究预测,中国政府在量子技术领域的投资范围在 40 亿至 170 亿美元之间。

单位：百万美元　　　　　■私人投资　■特殊投资　■企业投资　■公共投资

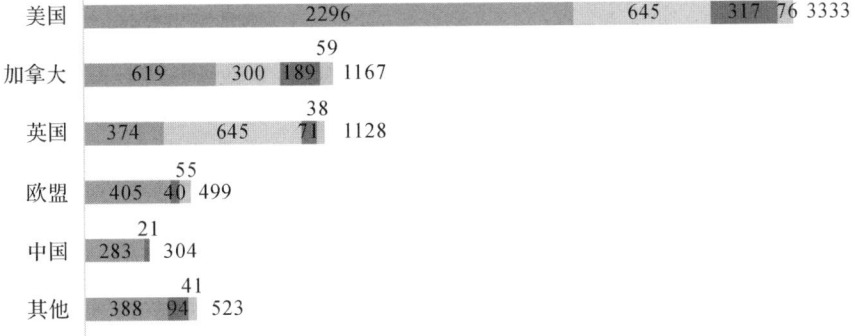

图 2　2001—2022 年对量子技术初创企业的投资情况①

单位：亿美元

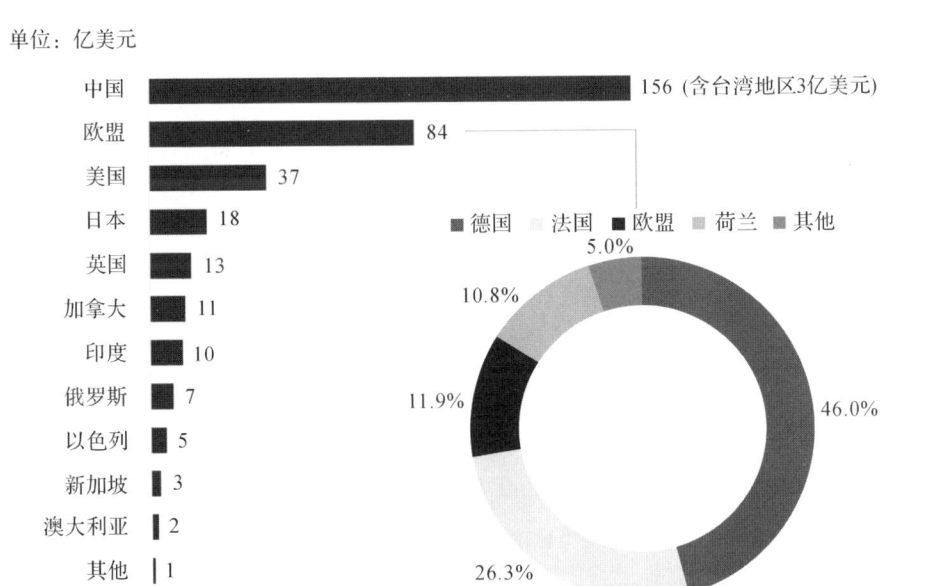

图 3　各国/地区官方宣布的量子技术政府投资额

① 注:1.特殊投资包括 SPAC 和其他特殊交易类型。2.企业投资包括来自企业的投资以及对外部初创企业的风险投资;不包括企业对内部量子技术项目的投资。3.公共投资包括政府、主权财富基金和大学的投资。

　　从投资赛道来看,截至 2023 年 10 月,全球重点投资量子软件、量子硬件等细分技术领域,投资额占比分别为 22.53%、18.21%,此外,使能技术(Enabling Technologies)、量子计算、量子通信等也成为重点关注领域(如图 4 所示)。

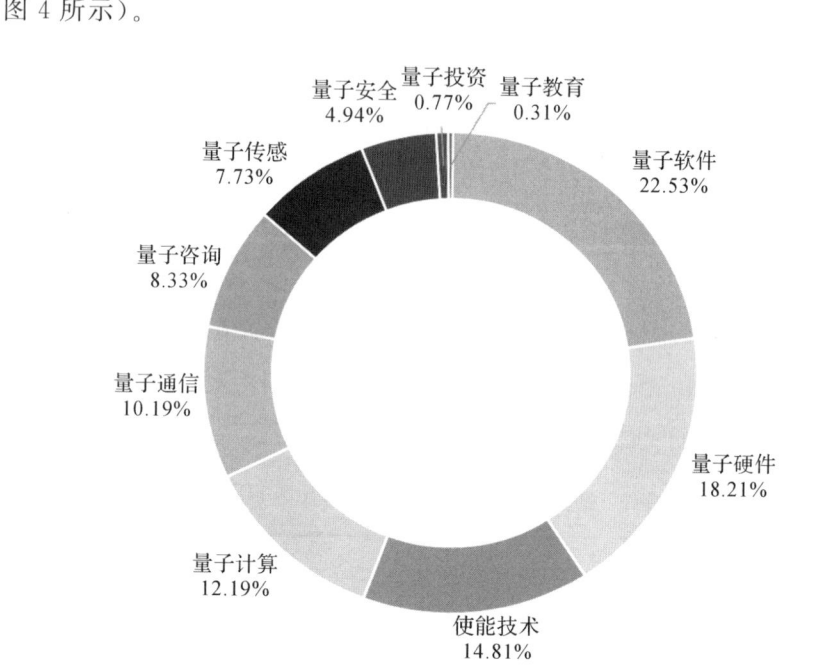

图 4　全球量子技术投资赛道分布(截至 2023 年 10 月)①

四、全球量子技术国际合作动态

(一)量子技术国际合作现状

1. 自上而下:以国家战略为导向

美国:与盟友、伙伴国家广泛签订合作协议。美国国家科学技术委员

---

　　① 前瞻产业研究院.预见 2024:量子信息产业技术趋势展望[EB/OL].(2023-11-27)[2023-12-22].https://bg.qianzhan.com/trends/detail/506/231127-3119b960.html.

会(NSTC)的《量子信息科学国家战略概览》指出,政府将"推进国际合作"确定为与量子技术相关的六个关键政策机遇之一,优先考虑与伙伴国的牢固关系。

美国政府签署了多项联合声明和国际协议,专门促进量子技术研发合作。如表5所示,目前,美国已与日本、韩国、英国、澳大利亚、芬兰、瑞典、丹麦、瑞士、法国等符合美国战略部署的国家签署了量子技术合作的联合声明。2021年6月G7峰会上,七国(美国、加拿大、英国、法国、德国、意大利、日本)领导人宣布联合开发基于卫星的量子保密网络,建设联邦量子系统(FQS),FQS将实现盟国之间的互操作性。2021年9月,澳大利亚—英国—美国(AUKUS)国防技术合作协议中包括一项旨在加速"下一代"量子能力的AUKUS量子安排。2022年5月,美国、澳大利亚、印度、日本四方对话也宣布共同关注量子技术。

表5   美国量子技术国际合作相关政策文件

政策文件	发布时间	合作国家
日美经济政策协商委员会联合声明	2023年11月14日	日本
美国—新加坡关键和新兴技术对话:联合愿景声明	2023年10月12日	新加坡
美国和韩国关于量子信息科学与技术合作的联合声明	2023年4月26日	韩国
美国和法国关于量子信息科学与技术合作的联合声明	2023年3月17日	法国
美国和荷兰关于量子信息科学与技术合作的联合声明	2023年2月16日	荷兰
美国和印度通过"关键和新兴技术倡议"(iCET)提升战略合作伙伴关系	2023年1月31日	印度
美国—欧盟贸易与技术委员会推进跨大西洋合作的具体行动	2022年12月5日	欧盟

续表

政策文件	发布时间	合作国家
美国和丹麦关于量子信息科学与技术合作的联合声明	2022 年 6 月 7 日	丹麦
美国—澳大利亚—印度—日本四边安全协议(Quad)联合声明	2022 年 5 月 24 日	澳大利亚、印度、日本
美国和瑞士关于量子信息科学与技术合作的联合声明	2022 年 4 月 12 日	瑞士
美国和芬兰关于量子信息科学与技术合作的联合声明	2022 年 4 月 6 日	芬兰
美国和澳大利亚携手打造量子未来	2021 年 11 月 18 日	澳大利亚
美国和英国就加强量子信息科学技术合作发表联合声明	2021 年 11 月 4 日	英国
澳大利亚—英国—美国三边安全协议(AUKUS)联合声明	2021 年 9 月 15 日	澳大利亚、英国

资料来源:各机构官网,之行智库整理。

欧洲:与内部国家、伙伴国家合作密切。欧盟方面,2018 年德国大型粒子物理学研究机构 DESY、德国 Helmholtz 协会以及加拿大粒子与核物理及加速器科学国家实验室等机构签署了一份谅解备忘录(MOU),共建德国和加拿大量子计算和机器学习网络。2019 年,法国与其他欧盟国家签署了合作宣言,共同开发整个欧洲的量子通信基础设施。2021 年 9 月,法国和荷兰签署了一份谅解备忘录,以支持在量子研究和开发方面的合作并加强协同效应。2022 年 11 月,欧盟"欧洲量子技术旗舰计划"官网发布了《战略研究和行业议程(SRIA)》初步报告,明确提出未来 3 年将推进部署多个城域 QKD 网络和具有可信节点的大规模 QKD 网络。2023 年 4 月,法国和加拿大政府同意成立科学、技术和创新联合委员会(STI),该委员会的首要工作是开展量子科学和人工智能等新兴技术的双边研究。

英国方面,2022 年 2 月,英国与加拿大启动开展关于量子卫星的合作

项目,为跨大西洋量子通信建立关键的卫星链路。2023 年 11 月 2 日,英国科学大臣在英国国家量子技术展示会上提到,要在与加拿大的合作中提供超过 400 万英镑资金,开发商业用途的量子技术。此外,英国已在 2023 年 11 月与澳大利亚、荷兰分别签署量子领域深化合作的协议,英国科技设施委员会(STFC)下的卢瑟福—阿普林顿实验室(RAL Space)正在与新加坡量子技术中心合作开展一项创新小型卫星任务。

亚太:韩国、日本、印度、澳大利亚等国家在量子技术的国际合作上启动相对较晚。韩国方面,2022 年 9 月,韩国在美国华盛顿州开设了一个量子技术合作中心,以处理韩美两国在该领域的联合研发项目。2023 年 10 月 18 日,韩国第二个国际量子技术合作中心——韩国—欧洲量子技术合作中心落地比利时布鲁塞尔。2023 年 11 月 17 日,韩国总统尹锡悦和日本首相岸田文雄宣布了一项量子技术研发合作框架,两国的国家研究机构——日本国立产业技术综合研究所和韩国标准科学研究院将签署一份谅解备忘录。2023 年 11 月 21 日,韩国与英国签署科技协议,以扩大双方在人工智能和量子计算等科技领域的合作,同时宣布将设立一项 450 万英镑的基金用于联合研究和创新伙伴关系。

近年来,日本与西方国家之间的量子合作十分紧密。2021 年 6 月,日本参与了基于卫星的量子保密网络的联合开发。2022 年 1 月,日本同意设立日美经济版"2+2"会议机制,商议设立限制尖端技术出口的新框架,范围涵盖量子密码等,并协调美国的欧洲盟友加入。2022 年 5 月美—澳—印—日四方对话宣布四国共同关注量子技术;2023 年 11 月,日美经济政策协商委员会联合声明表示,有意向将美国国家标准与技术研究院(NIST)和日本国家先进工业科学技术研究院(AIST)之间的合作扩展到量子技术领域。

印度是量子技术领域的后发国家,近年来与美国、以色列、俄罗斯等逐渐达成了量子技术合作网络。印度和以色列于 2022 年 4 月举办了量子技

术双边研讨会，启动量子技术路线图，以确定确切的军用级量子技术未来合作的具体领域。2023 年 6 月，印度总理莫迪访美，两国发表的联合声明表示将在量子技术等方面开展合作及技术转让。2023 年 7 月，俄罗斯量子技术中心提出将与印度开展量子技术合作。

澳大利亚的量子国际合作伙伴主要为美英两国。澳大利亚与英国、美国于 2021 年 9 月宣布建立三边安全伙伴关系"AUKUS"，其中的量子协议（AQuA）提出加速对下一代量子能力的投资，未来三年的研发重点是"定位、导航和授时"技术的试验。2022 年 2 月，澳大利亚与英国宣布建立"太空桥"（Space Bridge）合作关系，计划首批投资于空间量子技术等领域。

2. 自下而上：产学研用协同创新

目前量子技术自下而上的国际合作已经初具规模，各国私营部门、学术机构、政府部门之间的合作形式多样。

美国方面，大约半数的美国量子领域的出版物由国际合作产出，美国谷歌、微软、ColdQuanta 公司均在澳大利亚设有量子研究中心。2019 年，微软在荷兰代尔夫特理工大学校园开设了微软量子实验室，专注于开发量子比特。谷歌在以色列特拉维夫设有量子计算研究中心。IBM 于 2021 年 6 月在美国境外的德国推出了第一台量子计算机。2023 年 11 月，美国情报高级研究计划局（DARPA）宣布，计划在 4 年内向苏黎世联邦理工学院（瑞士）和因斯布鲁克大学（奥地利）领导的 2 个量子计算研究项目提供 4000 万美元的资助。2023 年 12 月，IBM 宣布和日本的庆应义塾大学、东京大学、韩国的延世大学、首尔国立大学，以及美国的芝加哥大学合作推进量子教育，计划在未来 10 年内培训 4 万名量子专业的学生。

欧洲方面，欧盟多国在量子信息领域的初创企业、研究机构和各领域行业企业在量子旗舰计划支持下成立了欧洲量子产业联盟（QuIC）；2023 年 10 月 13 日，瑞银集团（UBS）宣布与日内瓦科学与外交预期基金会（GESDA）、瑞士联邦外交部、欧洲核子研究中心及瑞士高等教育机构合作

成立开放量子研究所（OQI）。2023 年 10 月，法国量子计算公司 PASQAL 和瑞士日内瓦科学与外交预期基金会（GESDA）签署了谅解备忘录，将共同探索对 Pasqal 量子设备、工具等的云访问，以及支持用例和算法实施的技术专业知识。

日本方面，2019 年 12 月，日美欧三地政府机构和高校科研人员在京都召开的国际会议上，制定了量子计算机、量子传感和量子通信密码 3 个领域的合作方针。2020 年 7 月，东京大学与美国 IBM 公司共同成立了量子创新计划联盟（Quantum Innovation Initiative Consortium，QIIC），该联盟旨在扩大行业、学术界和政府之间的合作，加速日本的量子计算研发活动。2023 年 1 月，日本的量子革命战略产业联盟（Q-STAR）、加拿大量子产业联盟（QIC）、美国量子经济发展联盟（QED-C）和欧洲的量子产业联盟（QuIC）签署了一份谅解备忘录，宣布正式成立国际量子产业协会理事会。

印度方面，2022 年 12 月，印度数字化转型、咨询和业务再造服务及解决方案提供商 Tech Mahindra 与芬兰企业 IQM Quantum Computers 达成量子计算研究合作，双方将共同为各个行业开发新的量子计算产品。

（二）量子技术国际合作挑战

1. 美国对华合作限制情况

量子技术已成为美国国家安全考虑的重点，预计美国将通过实体清单、反间谍措施、出口管制、知识产权保护、对外投资限制、人才与研究资金的流动管控、标准制定、供应链管控等方式对量子国际合作实施限制。

2021 年 11 月，美国商务部工业与安全局（BIS）修订《出口管理条例》（EAR），合肥微尺度物质科学国家研究中心、科大国盾量子、上海国盾量子等中国量子技术相关单位被列入"实体清单"。2022 年 5 月，拜登政府发布的《关于促进美国在量子计算领域的领导地位同时降低脆弱密码系统风险的国家安全备忘录》中提到，美国在量子技术方面采取的保护机制将可能包括反间谍措施、目标明确的出口管制，以及预防教育产业界和学术

界的网络犯罪和知识产权盗窃等。

2022 年 9 月,美国总统拜登签署了一项行政命令——"确保美国外国投资委员会对不断变化的国家安全风险进行强有力的考虑",指出委员会应酌情考虑量子计算等领域的外国投资交易对国防工业基地内外供应链安全性的影响。2023 年 8 月,美国总统签署行政令,明确禁止美国主体对中国投资量子信息技术领域,并积极通过外交活动游说盟友和合作伙伴采取类似措施。

2023 年 2 月美国重要的军事智库兰德公司发表文章——《促进量子技术研究与开发的强大国际合作》,提出美国通过出口管控、人才争夺、标准制定、供应链管控、技术方法多样化等方式提升在量子领域的领导力。

2. 欧盟、日本对华合作限制情况

欧盟、日本在量子技术领域与美国合作紧密,在对华限制方面与美国保持深度协作。2023 年 8 月,欧盟明确表示将加强与美国在对外投资审查方面的协作。2023 年 10 月,欧盟公布了一份敏感技术清单,并指出其中最为关键的是量子技术等 4 种技术,尤其是出口用于军事的技术。

日本在量子技术领域与美国合作频繁,同样迎合美国对华采取技术封锁措施。2021 年 12 月,日本情报机构公安调查厅在一份报告中声称,"中日学术交流的内容是军事领域时,可能成为中国武器装备性能强化的基础"。2022 年 8 月,据日经新闻报道,日本政府拟收紧对外国研究人员和留学生的入境审查,旨在于确认其是否有可能将高度机密的科研成果或技术带往海外。同时,日本热衷于炒作所谓中国"窃取知识产权"、日企对华泄露信息数据、"挖角日本科技人才"等话题,以谋求对华"竞争、防范和牵制"。

值得注意的是,德国与中国在量子技术领域具有较深的科研合作渊源,如我国量子领域的著名科学家潘建伟院士、郭光灿院士及浙江大学刘锋教授等团队均与德国保持着较强的科研合作关系;德国海德堡大学量子

动力学中心主任马蒂亚斯·魏德穆勒(Matthias Weidemüller)于 2013 年通过 B 类"国家创新人才计划"被引进到中国科学技术大学。然而近年来德国对华战略发生转变,中德间国际合作或将更加困难。2023 年 7 月,德国联邦政府发布首个全面对华战略,强调对华"去风险",将致力于减少在重要的初级产品、尖端技术和个别市场等关键领域对中国的依赖,并加强德企对华投资的审查以规避风险。德国埃尔兰根—纽伦堡大学宣布,"为降低大学科学间谍活动的风险,自 2023 年 6 月 1 日起将无期限暂停与中国国家留学基金委(CSC)奖学金获得者的合作"。表 6 为各国在量子技术领域对华合作限制情况的信息梳理。

表 6　各国对华合作限制情况

国家/地区	时间	涉及机构	主要举措
美国	2021 年 11 月	美国商务部工业与安全局	修订《出口管理条例》(EAR),中国多个量子技术企业被列入"实体清单"
美国	2022 年 5 月	美国白宫	发布《关于促进美国在量子计算领域的领导地位同时降低脆弱密码系统风险的国家安全备忘录》
美国	2022 年 9 月	美国白宫	签署了一项行政命令"确保美国外国投资委员会对不断变化的国家安全风险进行强有力的考虑"
美国	2023 年 8 月	美国白宫	美国总统签署行政令,明确禁止美国主体对中国投资量子信息技术领域,并积极通过外交活动游说盟友和合作伙伴采取类似措施
欧盟	2023 年 8 月	欧盟委员会	欧盟明确表示将加强与美国在对外投资审查方面的协作
欧盟	2023 年 10 月	欧盟委员会	欧盟公布了一份敏感技术清单,并指出最为关键的是量子技术等 4 种技术,尤其是出口用于军事

续表

国家/地区	时间	涉及机构	主要举措
日本	2021 年 12 月	日本公安调查厅	日本公安调查厅在一份报告中声称,"中日学术交流的内容是军事领域时,可能成为中国武器装备性能强化的基础"
日本	2022 年 8 月	日本政府	日本政府拟收紧对外国研究人员和留学生的入境审查,旨在于确认其是否有可能将高度机密的科研成果或技术带往海外
德国	2023 年 7 月	德国联邦政府	发布首个全面对华战略,强调对华"去风险"

资料来源:各政府机构官网,之行智库整理。

五、全球量子技术发展对我国启示

（一）强化量子技术政策供给是应对全球量子科技竞争的重要保障

量子技术已成为国际科技竞争的焦点,美欧及亚太地区主要国家纷纷加大对量子技术的政策支持力度,且量子技术竞赛也是中美科技博弈的核心。近年来美国不仅自身加强了对华量子技术的限制,而且有意拉拢欧洲、日韩等盟友组团扼制我国量子技术发展。因此,强化我国量子技术政策供给的必要性日益凸显。

一是紧密跟踪全球量子技术政策动态,加强政策研判。建立全球量子技术政策信息库,积极跟踪、收集、整理各国政府发布的政策文件、相关法规、战略计划等。制定跟踪与评估机制,定期对全球量子技术政策动态进行评估与分析,加强政策影响研判,及时调整和完善我国量子技术政策,应对全球相关发展趋势。关注量子技术国际组织、科技巨头、学术研究等最

新动态,定期组织研判发展趋势。

二是强化我国量子技术政策顶层设计,健全创新体系。加强量子技术顶层政策供给,充分调研产业界、学术界实际需求,统筹兼顾、系统谋划、联合制定支持政策,包括税收优惠、资金扶持、人才引进、国际合作等方面。健全量子技术发展体制机制,深化量子技术创新体制机制改革,加强政府引导和部门间协同配合,优化服务流程,提升决策效率和服务质量。

三是加强我国量子技术发展战略布局,提升安全保障。制定国家和地区量子技术战略计划,鼓励公共管理部门、产业界、学术界联合制定发展战略、研发计划,明确中长期目标,配套出台公共政策,并作定期评估与优化。发挥新型举国体制优势,由政府主导,统筹量子技术关键核心技术目录,集中力量加大对"卡脖子"技术的研发攻关,实现量子技术自立自强。

(二)提升量子技术研发力量是赢得全球量子科技竞争的关键因素

目前,全球量子技术仍处于初级研究阶段,且量子技术的跨学科特征使人才供给短缺。美国政府及相关研究机构正积极推动跨学科量子研究,但仍面临协调和合作困难等问题。因此,加快提升我国量子技术研发力量,或将成为突破美欧等关键技术及材料封锁、实现弯道超车的关键。

一是加强我国量子技术基础研究。加大量子科学基础研究与建设的投入,提升量子领域的原始创新能力,满足基础研究设备需求。推动各相关学科大跨度合作,尤其是要着眼于更前沿、更交叉、更"卡脖子"的技术点,避免跟风式、"小而全"的低水平重复。设立专项研发基金,强化重点量子技术领域的基础科学研究,并鼓励高校与科研院所加强合作,引导社会资本积极参与量子技术基础研究和推动深入发展。

二是强化量子领域跨学科跨专业联合研究。建立多学科专家库或政府、高校、企业牵头等多种形式的量子技术跨学科研究中心或平台,完善创新研发应用体系。设立跨学科跨领域量子技术重点研究项目,鼓励政府、高校、企业等协同攻关,通过资金、技术、人才等多种方式支持重点项目突

破。促进量子技术跨学科应用,推动量子物理与生物性、量子通信与网络安全融合,构建安全、保密的信息传输方式和保密需求。

三是加快我国量子技术人才培育。建立健全高等院所量子技术人才培养体系,加强高校电子材料、系统架构、器件研发、算法设计等多个方向相关学科和课程体系建设,加强跨学科跨专业研究型人才培养。加快打造量子技术高水平教培人才队伍,定期监测评估教育效果及人才需求。构建具有全球竞争力的量子技术人才制度体系,大力培养使用战略科学家,打造一大批一流量子技术领军人才和创新团队。

(三)打造量子技术产业链体系是抢占量子全球竞争制高点的重要途径

量子技术是新一轮科技革命和产业变革的重要领域,产业前景广阔。量子通信产业提供高度安全的信息传输方式,保障国家安全和社会公共安全;量子计算产业突破传统计算的技术瓶颈,加速药物研发、材料设计等领域的发展;量子加密技术提供不可破解的加密通信和数据保护方案,保障国防信息安全。当前,美欧等国家不断深化产业合作,对华出台出口管制,对我国量子技术产业链、供应链构成较大冲击。因此,强化我国量子技术产业安全性,占领全球制高点是保证社会经济高质量发展与国防安全的重要一环。

一是加强关键设备研发和供应链体系建设。加强对我国量子技术产业链中潜在风险的识别与审查,并细致梳理供应链中的风险因素。通过与供应商深入合作,优化供应链管理体系,确保关键设备和材料的研发与稳定供应。此外,重点强化对全球供应链中不同国家间的差异及薄弱环节的识别,以提高我国在供应链中面临较大风险环节的制造和应对能力,全面完善量子技术产业的供应链体系。

二是建设和强化国内量子技术产学研用联盟。以问题导向和产业主导联合优势高校科研院所与量子研发机构,以及拥有量子技术研究部门的

科技企业(如华为、腾讯)组成量子技术产业联盟,强化研发资源整合,建立人员交流机制,促进高校、研究机构及企业间紧密协作,定向培育量子技术研发型、技术型人才。加大对量子技术成果转化的专项投入,推动成果转化运用,支持量子技术人才创新项目产业化应用;鼓励高校和科研院所建设专业化技术转移服务机构。

三是加大对量子技术产业发展政策支持力度。设立国家量子技术产业发展基金,引导和支持量子企业产业化应用。鼓励有条件的地方政府设立引导基金,支持地方量子技术产业创新发展与拓展应用场景。健全量子技术产业奖励机制,奖励对量子技术产业创新突破、应用推广具有重要贡献的单位或个人。加大产业企业补贴力度,针对产业链薄弱环节,加大企业相关研发费用的抵扣力度、税收减免力度,激发产业企业创新主体优势,推动量子技术产业可持续和安全稳定发展。支持量子企业市场融资、发行债券、上市。

(四)加强量子技术国际交流与合作是促进我国科技创新的重要组成部分

量子技术的创新研发无法脱离国际大环境,近年来,美国政府一直在推动量子技术国际合作研发,并借此加强对我国的打压与限制。因此,我国量子技术更要在推进自主创新的基础上进一步扩大国际交流与合作,营造真正有全球吸引力的量子技术创新生态,促进我国及全球量子技术高质量发展。

一是加大海外量子人才招引力度,积极参与国际性量子项目建设与合作研发。建设国际性量子技术人才交流中心和创新平台,加强对海外量子人才的吸引力度。针对量子技术关键领域,实施定制化的全球人才招引政策,强化激励和保护措施。以国家重大项目为牵引,招引全球量子技术人才,完善配套服务流程,提升优化我国创新环境。加强与国际量子研究机构的合作,通过双边研究人员交流机制,促进双方人才流动和国际性量子

技术项目交流与研发合作。

二是发挥量子企业市场主体作用,强化国内外量子相关企业的交流合作。对标国际量子技术先进企业,评估我国量子企业与国外头部企业的优劣势。如在量子计算行业中,以 IBM、谷歌、英特尔为首的国际巨头占据技术主导地位,多将它们的标准作为业内基准。需加强引导与支持我国量子技术企业与国外巨头合作交流,以企业合作项目、企业间交流、成立独立第三方合资公司等形式,促进量子技术相关创新研发。

三是发挥部分领域量子技术优势和广大市场作用,积极参与相关领域国际规则制定。当前,我国已实现了许多量子技术的突破,尤其是在量子通信领域,我国已经走在全球前列。同时,我国还拥有巨大市场的优势。因此,我国应积极参与国际量子技术领域标准体系建设,可以由私营部门组成产业联盟,围绕量子通信、量子计算、量子传感等方面进行标准研制,整合优势力量以推动相关术语标准、试验标准、规范标准研制和标准专利布局,提升国际话语权和影响力,为建立自身技术话语体系做铺垫。

四是研判国际政经形势变化,加大力度促进战略层面的量子技术国际合作。综合各国量子技术发展需求,以符合双方利益为宗旨,鼓励与有相关合作需求的国家进行量子技术战略合作,加强跨学科、跨部门、跨国之间的合作。以打造"世界量子谷"为目标,建立国际性量子技术创新发展平台,健全创新体制,创造适合各国量子技术创新、企业落地应用的国际环境,实现互利共赢,共同推进量子技术全球发展。

第20篇　我国量子科技政策回顾与展望[①]

报告核心内容

在当今快速发展的科技世界中,量子信息的进步正成为国际竞争前沿。在我国,量子信息科技发展已成为国家战略的重要组成部分,涵盖量子计算、量子通信和量子精密测量等多个领域。我国量子科技政策涵盖从基础研究到产业化应用,从科技开发到平台建设、人才培养、国际合作的各个层面。本报告旨在回顾我国量子信息政策发展,探讨政策发展的阶段性特征及存在问题,并从顶层设计、投资分配、国际合作、标准制定等方面提出政策建议。

当前,全球量子信息科技呈现快速发展态势,已成为全球各国科技竞争制高点,主要应用在量子计算、量子通信和量子测量等方面。发达国家纷纷制定量子科技发展战略,明确其中长期目标和突破重点,加快重大资源投入,量子科技正不断从政策倡议走向商业化应用。量子信息技术正在引领新一轮科技革命,并迈入关键发展阶段[②],科研突破和产业化应用呈

---

① 本报告撰写于2024年2月。撰写人:张志会(中国科学院自然科学史研究所研究员)、程鹏(清华大学博士后)、赵月嘉(浙江大学公共管理学院博士研究生)。

② 岳悬.量子信息技术引领新一轮科技革命　迈入关键发展阶段[N].人民邮电,2024-01-12(007).

现同步发力态势。研究发现,国际科技强国都高度重视在该领域的政策布局、资金投入、人才引育和国际合作等,其中美国优势最为突出。[①] 我国在量子通信及量子计算领域已经跻身第一梯队。近年来,中美在内的多个国家相继取得了量子优越性,并成功交付工程化的量子计算机整机,为通用量子计算的实现奠定了基础。

近 20 多年,我国在量子计算领域进行了全面布局,涉及量子计算的基础理论、物理实现体系以及软件算法等多个方面。在应用方面,气象、金融、石化、新材料、生物医药、汽车交通等众多产业已经开始认识到"量子计算"的巨大潜力,积极与量子计算公司合作开展协同创新,产业化的关键时刻即将到来。然而各种量子计算技术路线刚刚起步,技术成熟度不高,在未来 10 年内量子计算的商业化前景尚不明朗,难以比肩普通商业环境中的传统计算。

我国在量子计算领域也取得了一些重要成就,包括中国科学技术大学、北京量子信息科学研究院和南方科技大学等机构在量子计算算法、量子比特的制备和量子纠错方面取得了重要进展。尽管实用性的大规模量子计算机尚未完全实现,但我国在这一领域的投入和研究活动逐渐增加。我国的量子卫星计划是该领域的一项重要举措,对于国家安全、信息安全、军事与科研安全至关重要。通过成功发射"墨子号"等量子卫星,我国加强了卫星通信和量子密钥分发的能力。我国在超导和光量子领域已经成为唯一一个在两种技术体系下都实现"量子优越性"的国家。但量子计算技术应用于实际仍然充满挑战,技术转化、产业配套不足以及人才短缺等问题仍然存在,需要我们以理性、客观的态度来认识并解决。

---

① 宋姗姗,钟永恒,刘佳,等.量子信息领域的国家战略布局与研发态势分析[J/OL].世界科技研究与发展(网络优先出版).[2024-03-02].https://doi.org/10.16507/j.issn.1006-6055.2023.06.001.

量子卫星通信对于构建全球范围的量子卫星广域网具有重要意义。[①]在产业化和商业化方面,我国政府提出了建设量子通信产业链的计划,鼓励企业投资和科技计划参与,以推动相关技术的商业化和产业化。一些国内企业也在量子通信、量子安全通信设备等领域积极投入研发和市场推广。

我国科研机构和大学一直在量子传感和测量技术方面进行深入研究。这包括通过利用量子纠缠现象,开发更灵敏和精确的测量仪器,用于测量时间、频率、电磁场等物理量。我国的研究团队已经在实验室环境中成功实现了一些基于量子纠缠的测量技术。由于量子计算和量子测量在某些方面有相互关联,近年来我国科研人员不断加强在量子信息处理和测量技术之间的交叉研究。

我国量子信息科技研发策略不局限于量子通信,还广泛涉及量子计算和量子测量等多个方向,得到国家层面量子信息产业发展规划的明确支持,包括构建量子通信网络、研发量子计算机和推动量子精密测量技术的突破。在基础设施建设方面,加大对量子信息科技的资金投入和资源倾斜,建立了众多世界级量子研究机构和实验室,如合肥的量子研究机构专注于光子、金刚石 NV 色心和硅自旋量子比特技术,这些技术在量子通信和量子感测等领域具有重要应用。

一、量子信息科技政策的发展历程

量子科技快速发展很大程度上得益于国家对量子信息科技发展的重视。通过发布相关规划、政策文件以及资金支持等方式,我国积极推动量子信息科技的研究和创新,助推我国成为全球量子科技领域的重要参与者

---

① 聂敏,韩凯捷,杨光,等.基于蛛网结构的量子卫星广域网构建策略及性能仿真[J].物理学报,2021(14):162-172.

和领导者。总体而言,我国相关政策历程经历了起步阶段、加速发展阶段和战略性发展阶段,政府支持力度不断加大,支持范围不断拓展。

(一)20 世纪 90 年代初至 2010 年代初:起步阶段

20 世纪 90 年代,我国开始在量子信息领域开展一些基础研究,这一时期主要以理论研究和实验验证为主。也是从这一时期开始,政府开始投入量子技术的研究、开发和应用,特别是在量子保密通信网络的构建上,展现了对高科技领域的长远规划与战略投资。2003 年,我国量子通信卫星计划启动,标志着我国进入了量子通信领域。2009 年,正式成立量子通信国家重点实验室,标志着政府对量子信息科技的关注升级。此后,国家层面支持量子通信发展力度更大,保障了在全球量子通信产业化进程中的领先地位。这些支持举措包括组织建设、资金投入、国际合作以及产业推动等。

(二)2010 年代中期至 2019 年:加速发展阶段

2010 年代中期开始不断加大量子信息科技的研究资金和支持力度,为量子通信、量子计算等领域的发展注入了强大动力。2013 年,我国成功实现长距离量子密钥分发的关键突破,标志着我国在量子通信领域取得了显著进展。2016 年发布的《量子信息科技"十三五"发展规划》明确了我国在量子通信、量子计算、量子精密测量等领域的发展目标、重点领域和政策措施,为该领域的研究和应用规划了清晰的路线图。科技部、国家自然科学基金委员会等积极提供大量经费和支持,出台一系列政策和举措以推动量子科技的研究和发展。2016—2018 年,我国相继在量子密钥分发、量子隐形传态等领域取得一系列重要进展,并成功发射了世界首颗量子科学实验卫星"墨子号"。

2014 年 12 月,量子卫星完成卫星初样研制。2015 年 2 月 26 日,*Nature* 以封面标题的形式发表了潘建伟、陆朝阳等人的论文《单个光子的

多个自由度的量子隐形传态》。^① 2016 年，中共中央、国务院发布了《国家创新驱动发展战略纲要》，提出要大力发展量子科技等战略高新技术，推动战略性新兴产业的快速发展。2016 年 9 月 19 日，国务院公布《关于印发北京加强全国科技创新中心建设总体方案的通知》，提出推进新兴交叉学科建设，促进基础学科与应用学科、自然科学与人文社会科学交叉融合，积极推动网络数据科学、量子信息学等学科发展与完善，加快世界一流高等学校和科研院所建设。也正是在这一年，我国在量子通信领域成功发射了世界首颗量子通信卫星"墨子号"，实现了长距离的量子密钥分发，标志着我国量子通信技术实现了全球领先，也印证了过往长期支持政策的前瞻性。

2017 年 7 月，国务院公布《关于印发新一代人工智能发展规划的通知》，指出加强与其他"科技创新 2030—重大项目"的相互支撑，加快脑科学与类脑计算、量子信息与量子计算、智能制造与机器人、大数据等研究，为人工智能重大技术突破提供支撑。2017 年，科技部发布《"十三五"国家基础研究专项规划》，将量子科学作为重点支持方向之一，提出要加强量子科学的基础研究和应用研究，推动量子通信、量子计算等领域的发展。

在国家大力推动基础研究发展的背景下，量子科技在基础研究层面得到了更为明显的重视。2018 年，《国务院关于全面加强基础研究的若干意见》，内容主要是加快实施量子通信与量子计算机、脑科学与类脑研究等"科技创新 2030—重大项目"。2018 年，国家自然科学基金委员会发布的《国家自然科学基金"十三五"发展规划》，将量子科技作为优先支持领域之一，提出要加大对量子物理、量子信息、量子计算等领域的资助力度。

作为推动量子信息科技产业化的努力之一，我国于 2018 年提出了建设量子通信产业链的计划，体现了加强量子信息科技产业化方面的实质性

---

① 张志会，马连轶．"墨子号"量子科学实验卫星大科学工程的历史与管理模式探究[J]．中国科技论坛，2018(11)：1-8．

努力。2019年,《长江三角洲区域一体化发展规划》发布,提出加快量子通信产业发展,统筹布局和规划建设量子保密通信干网线。

（三）2020年至今:战略性发展阶段

这一时期量子信息科技的政策与规划在国家层面得到加强。2021年发布《计量发展规划（2021—2035年）》,提到坚持以量子计量为核心、科技水平一流、符合时代发展需求和国际化发展潮流的国家现代先进测量技术。2022年发布《质量强国建设纲要》,提出实施质量基础设施能力提升行动,突破量子化计量及扁平化量值传递关键技术。2023年4月3日,国家发展改革委印发《横琴粤澳深度合作区鼓励类产业目录》,涉及185个条目,提出在科技研发与高端制造产业中发展量子、类脑等新机理计算机系统开发等。我国政府明确将量子信息科技列为国家战略性新兴产业,并将其纳入国家重大科技专项计划,并把量子信息技术列为《新一代人工智能发展规划》和《新一代信息技术产业发展战略》的重点领域。在政策引导和支持下,量子通信技术的研究、创新和应用有望实现跨越式发展,进一步巩固我国在全球量子科技领域的领导地位。

在量子计算领域,一些典型的研发产品包括D-Wave量子退火机,以及"悬铃木"量子计算机、光量子计算原型机"九章"与"九章二号",以及超导量子计算原型机"祖冲之"与"祖冲之二号"。这些研发项目代表了当今量子计算机技术的先进水平。举例来说,D-Wave量子退火机是量子计算机的开创性成果之一,通过其超导量子比特（qubit）的特殊退火算法,为解决复杂优化问题提供了新的可能性。

在量子通信方面,全球范围内涌现出了多个重要项目,包括美国的量子通信网络、欧盟的光纤QT实验网络,以及东京的高速量子通信网络。在我国,科学实验卫星"墨子号"、微纳量子卫星"济南一号"以及保密通信骨干线路"京沪干线"等项目迅速发展,为实现安全的量子通信提供了关键支持。

　　此外，量子精密测量领域创新性产品开发也取得了显著进步。时钟源、原子干涉磁力仪、量子干涉器件磁力计、原子干涉加速度计、原子干涉陀螺仪、原子干涉重力仪、原子干涉重力梯度仪以及量子雷达等技术在不同领域表现出色，为量子测量科学的进步做出了积极贡献。这些具体例子展示了当前量子技术研究的多样性和深度。

　　我国量子技术产业化正快速加速，涉及量子计算、量子通信和量子测量等多个领域，国家层面的量子信息产业发展规划涵盖了这些领域的重点方向。重视基础研究、技术开发和产业化应用的有机结合，政府、科研机构和私营企业间的合作是实现协同创新的关键动力。中国科学院和中国科学技术大学作为我国量子信息科技发展的核心力量，在基础研究和应用研发方面均有显著成果。国盾量子和本源量子等初创公司在这些领域的活跃预示出产业的多元化和活力。我国在量子信息科技基础设施方面的投入显著，建立了多个世界级量子研究机构和实验室。合肥的量子研究机构侧重于光子、金刚石 NV 色心和硅自旋量子比特技术的研究。各地方政府不断加码量子科技投入，但对量子信息领域的发展定位、量子信息产业的发展目标各有不同、各有侧重（见表 1）。

表 1　2022 年部分省市量子信息行业相关政策①

省份	发布时间	政策名称	主要内容
河南	2022.01.21	河南省人民政府办公厅关于印发河南省加快传统产业提质发展行动方案等三个方案的通知	重点培育量子信息等未来产业，努力打造具有全国竞争力的未来产业创新发展先行区
天津	2021.12.31	天津市人民政府办公厅关于印发天津市智慧城市建设"十四五"规划的通知	信息技术的飞速发展，量子信息、脑科学等基础前沿技术的加快突破

　　①　观研报告网.我国量子信息行业发展趋势分析与未来投资研究报告（2022—2029 年）［EB/OL］.（2022-10-01）［2024-02-16］.https://www.chinabaogao.com/baogao/202210/612616.html.

续表

省份	发布时间	政策名称	主要内容
北京	2021.11.24	北京市"十四五"时期国际科技创新中心建设规划	在量子信息等前沿技术领域实现全球领先水平,突破一批"卡脖子"技术。高精尖产业不断壮大,高成长、高潜力的未来产业加速培育
河北	2021.11.14	河北省人民政府办公厅关于印发河北省建设全国产业转型升级试验区"十四五"规划的通知	围绕量子信息等重点领域,加强谋划布局和产业孵化,加快产业突破,打造未来产业发展先行区、新高地
黑龙江	2021.09.30	黑龙江省人民政府关于印发黑龙江省中长期科学和技术发展规划(2021—2035年)的通知	开展量子信息技术基础理论与方法、单量子光源、量子信道编码、新型远距离量子安全直接通信、量子探测等机理和方法的研究
山西	2021.05.27	山西省人民政府关于印发山西省"十四五"未来产业发展规划的通知	未来15年,打造世界级量子信息科学中心、国内领先的"量子＋"应用示范区以及量子信息产业国际品牌高地。未来30年,成为全球量子技术及产业发展战略高地
内蒙古	2021.02.08	关于征集专业技术人才知识更新工程2021年高级研修项目选题的通知	围绕量子信息、集成电路、生命健康、脑科学、生物育种、空天科技、深地深海等前沿领域,兼顾地方和行业发展需求
广西	2021.02.03	广西壮族自治区人民政府办公厅关于印发广西大众创业万众创新三年行动计划(2021—2023年)的通知	加强与国家大院大所、名校名企合作,探索建设一批制造业创新中心,力争实现国内知名高校和研究机构、国家重点实验室在我区设立量子信息等前沿领域的分支机构,助力重大技术攻关

二、我国量子科技基本政策路径

量子信息技术,包括量子计算、量子通信和量子测量,已经成为推动未来国家科技创新和发展的关键领域。如上所述,我国一直以来积极布局量子信息科技领域,采取组织建设、资金投入、国际合作、产业创新和人才培养等多方面政策,加速量子科技的研发和应用。以下三方面政策路径十分明显。

（一）通过重大项目支持量子科技发展

通过国家重大科技专项计划提供大量资金支持,其中包括量子信息科学研究等方面的项目,旨在推动量子通信、量子计算等前沿技术的研发和应用。我国启动了量子信息科学工程,该工程旨在加强量子信息科学的基础研究、技术研发和应用示范,助力在全球范围内取得领先地位。我国在量子通信领域投入了大量资源,计划建设全球领先的量子通信网络,建立安全、高效的通信基础设施,实现量子密钥分发和量子隐形传态等技术的商业化应用。

（二）以产业引导推动研发及产业化落地

鼓励企业投资和参与量子科技领域,以推动相关技术的商业化和产业化。通过一系列政策激励,希望培育一批领先的量子科技企业,提高国家在全球量子技术产业链中的地位。在具体产业领域方面,2023 年工业和信息化部、国务院国资委印发的《前沿材料产业化重点发展指导目录（第一批）》中,就明确把"量子点材料"作为 15 个大类之一。在量子点材料相关科研和产业方面,我国均处于国际领先水平,可将其打造为我国未来的长板产业。①

---

① 崔爽.量子点材料有望成为我国长板产业[N].科技日报,2023-10-24(006).

（三）坚持广泛的国际科技合作

加强国际合作对于共同解决科技难题和推动标准制定至关重要。我国积极开展国际合作，与其他国家和地区共同推动量子科技发展。这种合作包括联合研究项目、人才培养、标准制定等多个方面，有助于加速技术进步和知识交流。其中，以科学家的个人学术网络为节点的国际合作不仅提供了技术和资源共享的平台，也为我国研究人员和企业提供了接触和学习国际先进技术的机会。

三、加快量子科技发展的政策瓶颈

（一）缺乏国家统一战略与远景规划

国家和地方层面的策略部署和政策制定，体现了对量子信息科技重要性的高度认识和对未来科技发展方向的明确指引。这些政策不仅涵盖了量子计算、量子通信和量子测量等关键技术领域的研发推进，还包括了对于相关教育体系和产业应用的全面布局。不过，不同于欧美国家和日本，如日本出台了《量子技术创新战略》和《量子未来社会愿景》[①]等政策文件，我国在国家层面的量子信息产业发展规划暂未出台。

（二）创新资源机构集中度过高与支持领域均衡性不够

政府支持量子科技通常集中资金在一些大型国有企业或重点研究机构，这可能导致资源分配不够灵活，较小的创新团队可能缺乏足够的支持，从而阻碍了更广泛创新的可能性。投资分配过于侧重某些领域，而忽视了量子科技的多个方面，而量子通信、量子计算、量子传感等不同领域的平衡发展对整个产业生态的健康发展至关重要。此外，不少地方政府投资过于

---

① 中国科学院科技战略咨询研究院. 日本制定新量子技术战略[EB/OL]. (2022-09-27)[2024-02-15]. http://www.casisd.cn/zkcg/ydkb/kjqykb/2022/202206/202209/t20220927_6517669.html.

强调应用性研究,而深厚的基础研究得不到足够重视,可能削弱长期创新和技术领先的坚实基础。此外,日本政府的行动包括成立专门的研究和推广机构,并承诺在未来10年内大幅增加对量子信息技术研发的投资。我国还缺乏类似日本的"量子信息和通信研究促进会"与"量子科学技术研究开发机构"等相应的推动量子技术研发的机构,来加速量子技术的研究与开发,推动量子科学从理论走向实用化应用。

（三）产业创新与人才培养仍待加强

目前,中国科学院和中国科学技术大学扮演着关键角色,不仅具备深厚的基础研究积累,应用研发也有显著优势。其中,"墨子号"量子科学实验卫星的成功发射是我国在量子通信领域的标志性成就,充分证明了其研发实力。但技术的先进性并不代表工程化水平和产业化开发能力,我国在产业创新生态构建上相对落后,可能制约此领域长期竞争力的提升。相对于日本和欧美国家,我国关于量子信息科技创新基地建设与人才培养项目还相对缺乏,还需努力构建一个支持量子技术创新和应用的生态系统。

四、我国量子科技发展的政策建议

我国在量子科技领域的政策选择,不仅关乎国家科技安全和经济发展,也是应对全球科技格局变化的重要抓手。虽然对于量子通信、量子计算等前沿技术开发已经形成高度共识,但是要充分发挥量子科技发展潜力,还需采取更加有力的政策举措。

（一）制定全国性的量子科技发展规划

为了在全球量子计算的竞争中取得优势,我国政府亟待制定全国性的量子科技的中长期科技规划,"根据国家战略需求和国际竞争态势,做好未来5—10年我国在量子信息领域的发展重点研判,率先建立下一代安全、

高效、自主、可控的信息技术体系"①,在此基础上统一规划、部署与开展量子信息科技,以确保量子信息科技在未来成为我国在全球科技产业中的核心技术,为"十四五"和更远的未来提供前进的动力。同时,国家层面的发展规划要发挥对各地方量子信息资源投放的引导作用,以避免"一哄而上"和重复投资。

(二)完善投资分配与资源分布,助力完善创新生态形成

为了优化资源配置,确保投资效益最大化,政府需要采取更加科学和有针对性的投资策略。这意味着不仅要增加对量子科技领域的总体投资,还要确保这些投资能够精准地流向最有潜力和需求的研究项目和技术领域。为此,政府可以建立一个跨部门的评估和监督机制,定期评估量子科技各个分支的发展现状和未来潜力,根据评估结果调整资金分配。政府也应鼓励私营部门的参与和投资,通过提供税收减免、研发补贴等激励措施,吸引更多的私人资本投入量子科技研究和开发。此外,量子科技的发展不仅需要硬件设施的投资,同样重要的是对人才和智力资源的投资。

(三)拓展国际合作领域,汇聚全球创新资源

我国已经与欧美日等地区的研发机构以及像 IBM 这样的国际企业建立了联系②,但未来需要进一步扩大与欧美日等各大研发机构、IBM 等企业的联系。我国可考虑牵头组织量子科技领域的大科学计划和大科学工程,来吸引国际高端人才参与。通过牵头或参与国际量子科技项目,我国不仅可以分享和交流研究成果,还能吸引更多的国际人才和资源。同时,参与国际标准制定过程,确保我国在全球量子科技发展中发挥领导作用,也是促进国际合作的重要途径。此外,通过建立国际量子科技论坛、研讨会和工作组,我国可以提供一个交流平台,促进全球量子科技领域的思想

---

① 潘建伟.量子信息科技的发展现状与展望[J].物理学报,2024(1):7-14.
② 齐硕,李世欣.推动我国量子信息领域国际化融合 打开前沿科技新疆域[R].中国科协创新战略研究院《创新研究报告》,2022 年第 23 期(总第 518 期),2022-7-19.

碰撞和创新合作。

（四）重视量子标准制定和伦理问题治理

要更强调在发展过程中的规范制定、伦理标准和国际协作，以确保科技的安全和良性应用。在量子科技领域建立一套全面的国家标准，包括技术规范、安全协议以及数据处理的伦理准则。这不仅有助于指导国内的研究和应用，还能够在国际舞台上推动全球标准的形成和统一，促进国际的技术互操作性和合作。加强量子科技领域的伦理研究和教育，确保科研人员和技术开发者充分认识到他们工作的社会责任和伦理约束。[①] 通过设立伦理委员会、举办伦理培训研讨会以及推广伦理指导原则等方式，增强科研人员的伦理意识。积极参与全球量子科技伦理和标准的讨论与制定，通过与其他国家和国际组织的合作，共同面对量子科技发展所带来的全新挑战，为全球量子科技的健康发展奠定基础。

---

① 程鹏，谭浩.我国量子科技产业的"负责任创新"[J].东北大学学报（社会科学版），2021（4）：7-14.

编后记

2023 年年底中央经济工作会议提出"开辟量子、生命科学等未来产业新赛道",点燃了政产学研各界关注量子科技的热情。当前,新一轮科技革命与产业变革此起彼伏,全球政治、经济格局正面临深度调整,而以科技创新和产业创新协同演绎出的新质生产力则是其背后的最大变量。能否在战略前沿领域抢先布局,并实现从科学发现、技术开发到工程应用的顺畅演进,并塑造具有全球竞争力的新产业新赛道,极大程度上决定了中国在中长期内的全球地位。量子科技领域,无疑是全球这场综合较量的不二赛场。

作为一家专注于科技创新和高等教育交叉领域的高端智库平台,浙江大学中国科教战略研究院(以下简称"浙大战略院")近年来不断强化科技战略前沿研究,积极承担上级部门委托的重大科技决策咨询任务,产出了一系列高水平智库成果。赛迪智库是中国电子信息产业发展研究院下属的智库机构,作为国家高端智库培育单位,承担工业和信息化部重大问题研究和重要决策咨询任务。"启真智库"是由中国民主同盟中央委员会与浙江大学合作共建的一个智库平台,旨在围绕科教领域国家重大战略和中心工作开展决策咨询研究,并及时报送高质量智库成果,为推进科学决策、民主决策提供学术支撑。《启真视界之量子科技》是继《启真论"碳"》《启真视界之生命健康》之后,在"启真智库"工作框架下、在已有研究基础上组织编写的第三本研究报告集,全书共有 20 份专题报告,共约 15 万字。

　　《启真视界之量子科技》既汇集了浙大战略院、赛迪智库两家单位研究人员撰写的专题报告，也吸纳了两家单位之外部分专家的研究成果，充分体现了多学科交叉和智力汇聚特色。本书收录的大部分报告撰写于2022—2023年，具有很好的时效性，少量较早撰写的报告也标注了撰写时间等简单背景信息，并在编入本书时做了部分内容更新，请读者阅读时留意。在编写过程中，我们注意对初始报告做再加工，以体现行文上的可读性、内容上的丰富性以及一定的学术性。

　　特别感谢潘建伟院士为本书作序，他对本书篇目编排、收录内容、报告体例等方面提出了许多针对性、专业性意见。感谢量子科技产学研创新联盟副秘书长赵勇研究员对书稿提出的大量具体修改意见。感谢浙江大学发展委员会副主席、浙大战略院学术委员会主任叶民教授，浙大战略院副院长、原国务院研究室教科文卫研究司司长侯万军教授，以及浙大战略院徐贤春副院长、张炜副院长和浙江大学政策研究室副主任陈婵等领导对本书及本系列丛书出版的大力支持。感谢赛迪智库集成电路研究所周峰所长、葛婕副所长对报告撰写给予的悉心指导。在文稿征募、报告改写、出版校对过程中，赛迪智库集成电路研究所工程师沈锦璐以及浙江大学公共管理学院博士生赵月嘉、冯家浩、李佳妮等付出了大量时间和精力，浙江大学党委统战部干部朱嘉赞协助校对了部分篇目。同时，还要衷心感谢浙江大学出版社的李海燕编辑，是她的认真负责才保证了本书的及时顺利出版。由于我们的知识素养、能力水平所限，书中错漏自然难免，恳请读者不吝指正！

编者

2024 年 5 月

U0179790